土木类专业企业学习指南

——实习分册

主　编　王静峰　张振华　汪　权　王　辉

合肥工業大學出版社

图书在版编目(CIP)数据

土木类专业企业学习指南．实习分册/王静峰等主编．—合肥：合肥工业大学出版社，2022.3

ISBN 978-7-5650-5591-1

Ⅰ.①土…　Ⅱ.①王…　Ⅲ.①土木工程—生产实习—指南　Ⅳ.①TU-45

中国版本图书馆 CIP 数据核字(2022)第 015983 号

土木类专业企业学习指南——实习分册

王静峰　张振华　汪　权　王　辉　主编

责任编辑	张择瑞　赵　娜
出版发行	合肥工业大学出版社
地　　址	(230009)合肥市屯溪路 193 号
网　　址	www.hfutpress.com.cn
电　　话	理工图书出版中心：0551-62903204 营销与储运管理中心：0551-62903198
开　　本	787 毫米×1092 毫米　1/16
印　　张	5
字　　数	116 千字
版　　次	2022 年 3 月第 1 版
印　　次	2022 年 3 月第 1 次印刷
印　　刷	安徽昶颉包装印务有限责任公司
书　　号	ISBN 978-7-5650-5591-1
定　　价	28.00 元

如果有影响阅读的印装质量问题，请与出版社营销与储运管理中心联系调换。

编 委 会

主　编　王静峰　张振华　汪　权　王　辉

委　员　（按姓氏首字母排序）

种　迅　陈道政　关　群　扈惠敏

黄慎江　钱德玲　汪　莲　王志亮

汪亦显　王　波　王成刚　郅伦海

赵春风　钟　剑

前　言

随着世界经济全球化和技术多元化,工程教育的重要性日益凸显,培养和拥有大批具有创新精神和实践能力的高素质工程人才成为我国现代教育的重要任务。培养优秀工程人才,必须经历工程知识的学习、工程实践的训练、工程实际的体验。企业学习是本科生参与实践并获得工程经验的有效途径之一,也是高校工科教学的必备实践教学活动。实习活动为本科生提供实际工作环境,培养学生专业实践能力,增强社会认识和职业意识,获得一定的社会经验,对学生的能力发展和职业发展具有重要意义。

2010 年,教育部启动和实施"卓越工程师教育培养计划"(简称"卓越计划"),批准包括清华大学等 61 所高校为首批"卓越计划"实施高校,合肥工业大学土木工程、机械设计制造及其自动化两个专业成功入选。"卓越计划"的特点是行业企业深度参与培养过程,学校按照通用标准和行业标准培养工程人才,强化培养学生的工程能力和创新能力。2018 年,教育部、工业和信息化部、中国工程院发布《关于加快建设发展新工科实施卓越工程师教育培养计划 2.0 的意见》,加快培养适应和引领新一轮科技革命和产业变革的卓越工程科技人才。

目前,企业学习仍存在诸多问题,如部分院系对实习重视不够,实习经费投入不足,实习基地建设不稳定,实习组织管理不到位,实习过程管理不规范,实习效果评价不客观等,这些问题在一定程度上影响了人才培养质量的提升。鉴于目前国内缺乏企业学习的指导教材,编写组结合多年实践教学经验和成果,特撰写了本教材。

本书知识全面、深度适宜,既注重知识结构的完整性,又突出内容的实操性和新颖性,同时还引导学生关注土木工程专业企业实习的核心知识点。全书共 6 章,主要内容围绕主题展开,包括绪论、工程教育认证对企业实习的要求、企业学习的教学大纲、企业学习指导书、企业学习的考核与评定、企业实习管理办法等。本书要求学生熟悉土木工程实践,了解项目管理的程序与方法,掌握施工技术与工艺,培养工程意识、创新意识、团队意识与组织管理技能，同时培养学生独立开展工程实践的能力。

本书由合肥工业大学王静峰、张振华、汪权和王辉主编。第1～3章由王静峰、汪权编写；第4～6章由张振华、王辉编写。本书在编写过程中得到了教育部高等学校土木类专业教学指导委员会主任、同济大学李国强教授的指导与宝贵意见。

合肥工业大学土木工程专业2010年获批国家首批“卓越工程师教育培养计划”试点专业；2011年联合安徽建工集团成立土木工程专业国家级工程实践教育中心。经过多年建设与发展，以工程实践与科研训练为主线，培养学生的工程实践和创新能力，在项目管理、施工技术、工程设计、过程管理、师资建设、绩效评价等方面进行了先行探索和交叉研究，确保了土木工程专业企业学习卓有成效地开展，构建了基于能力导向的一体化教学体系，建立了面向应用型工程人才培养的企业学习教学体系。本书编写组遵循“行业指导、校企合作、分类实施、形式多样”原则，实现“校企联合制订工程实践教学目标、联合制订工程实践教学方案、联合组织实施工程实践教学过程、联合评价工程实践教学质量”，培养造就创新能力强、适应经济社会发展需要的一流土木类工程技术人才。

本书在编写过程中参考了一些国内外已出版的教材，还借鉴了一些实习指南工作手册和企业内部资料，在此谨向相关支持企业和专家一并致以诚挚的谢意。

限于编写时间和编者水平，书中难免有疏漏与不妥之处，敬请读者批评指正。

编　者

2021年8月

目　录

1 绪　论

本章要点：本章首先介绍了与企业学习相关的术语，让学生掌握基本概念；其次总结了企业学习的发展历程，认识了“卓越工程师教育培养计划”和国家工程教育认证的重要性，让学生了解企业学习模式的发展过程；再次阐述了企业学习指南编制的作用，让学生、指导教师和实习企业明确学习目标、教学安排、组织管理等；最后概括了全书的主要内容。

土木工程（Civil Engineering）是建造各类工程设施的科学技术的统称。它既指所应用的材料、设备和所进行的勘测、设计、施工、运维等技术活动，也指工程建设的对象。涵盖建造在地上或地下、陆上，直接或间接为人类生活、生产、军事、科研服务的各种工程设施，例如房屋、道路、铁路、管道、隧道、桥梁、运河、堤坝、港口、电站、飞机场、海洋平台以及防护工程等。

土木工程是具有很强实践性的学科之一。专业实践教学包括认识实习、测量实习、工程地质实习、专业实习或生产实习、课程设计、毕业实习、毕业设计或毕业论文等。不同高校的实践课程体系设置不尽相同，培养模式和环节亦存在较大差别。

面对教育部卓越工程师培养计划的总体思路、目标和任务，高等院校应建立以创新能力为核心的人才培养模式，改革课程内容、学习方式、考核方式和评价标准，加强实践教学及能力培养等环节。实施“全过程、递进式”的实践教学体系，建立稳定的大型企业实习基地，培养学生的动手能力、基本技能、表达能力和工程综合能力。

1.1 术　语

实习是指在实践中学习。在经过一段时间学习后，或者学习结束后，学生需要了解自己所学的知识需要或明白应当如何在实践中应用知识。

大学生实习是指在校大学生进入政府机关、企事业单位和社会团体等用人单位进行教学实习、生产实习，以开展实践教学、培养学生工程与实践能力和创新精神，包括在校内外的工程训练中心、专业实训中心、专业实训基地、实习基地、实习实训基地的各类实习。

认识实习是高校各专业的教学形式之一，是生产实习的起始阶段。其主要是在学习主要专业课之前组织现场参观等活动，使学生对未来工作情景有所了解，获得对专业的感性认识，增进理论与实际的联系，为学习专业课做准备。

见习实习或称生产实习，是指高校学生在生产现场以工人、技术员、管理员等身份，直接参与生产过程，使专业知识与生产实践相结合的教学形式。

顶岗实习是指在基本上完成教学实习和学过大部分基础技术课之后，到专业对口的现场直接参与生产过程，综合运用本专业所学的知识和技能，以完成一定的生产任务，并进一步获得感性认识，掌握操作技能，学习企业管理知识，养成正确劳动态度的一种实践性教学形式。

毕业实习是指学生在毕业前，即在学完全部课程之后，到实习现场参与一定实际工作，通过综合运用全部专业知识及有关基础知识解决专业技术问题，获取独立工作能力，在思想上、业务上得到全面锻炼，并进一步掌握专业技术的实践教学形式。它往往是与毕业设计（或毕业论文）相联系的一个准备性教学环节。

学习是指通过阅读、听讲、研究、观察、理解、探索、实验、实践等手段获得知识或技能的过程，是一种使个体可以得到持续变化（包括知识和技能、方法与过程、情感与价值的改善和升华）的行为方式。

企业学习包括企业实习和企业设计等。

企业实习面向卓越工程师计划，按照国家对工程实践教育的相关要求，遵循了“行业指导、校企合作、分类实施、形式多样”的原则，实现“四个联合”（校企联合制订工程实践教学目标、联合制订工程实践教学方案、联合组织实施工程实践教学过程和联合评价工程实践教学质量），建立以创新能力为核心的人才培养模式，改革课程内容、学习方式、考核方式和评价标准，加强了实践教学及能力培养等环节。

企业设计是面向卓越工程师计划，在大四学年通过企业实习之后开展的最后一个实践性教学环节，以培养学生进入企业（设计单位）后综合运用所学理论、知识和技能解决实际问题的能力。在企业和校内教师的共同指导下，学生就选定的课题进行工程设计或研究，包括设计、计算、绘图、工艺技术、经济论证以及合理化建议等。

卓越工程师教育培养计划 1.0 是教育部贯彻落实《国家中长期教育改革和发展规划纲要（2010—2020 年）》和《国家中长期人才发展规划纲要（2010—2020 年）》的重大改革项目。卓越计划是促进我国由工程教育大国迈向工程教育强国的重大举措，旨在培养造就一大批创新能力强、适应经济社会发展需要的各类型高质量工程技术人才，为国家走新型工业化发展道路、建设创新型国家和人才强国战略服务，对促进高等教育面向社会需求培养人才、全面提高工程教育人才培养质量具有十分重要的示范和引导作用。

卓越工程师教育培养计划 2.0 是“卓越工程师教育培养计划 1.0”的升级版，即新工科建设，主要是指教育部实施的新工科研究与实践项目计划。

工程教育专业认证，是国际通行的工程教育质量保证制度，也是实现工程教育国际互认和工程师资格国际互认的重要基础。在我国，工程教育专业认证是由专门职业或行业协会、学会（联合会）会同该领域的教育工作者和相关行业、企业专家，针对高等教育本科工程类专业开展的一种合格评价。

新工科教育是指在 2016 年 6 月我国成为国际工程联盟《华盛顿协议》成员后，于 2017 年启动新工科建设的新时代中国高等工程教育。其主要内容是学科交叉融合，理工结合、工工交叉、工文渗透，孕育产生交叉专业，跨院系、跨学科、跨专业培养工程人才的教育模式。

1.2　企业学习的发展历程

1.2.1　卓越工程师教育培养计划 1.0

2010 年 6 月 23 日，教育部召开“卓越工程师教育培养计划”启动会，联合有关部门和行业协(学)会，共同实施“卓越工程师教育培养计划”，简称“卓越计划”(见图 1－1)。

图 1－1　教育部在天津召开“卓越工程师教育培养计划”启动大会

“卓越计划”具有三个特点：一是行业企业深度参与培养过程；二是学校按通用标准和行业标准培养工程人才；三是强化培养学生的工程能力和创新能力。

教育部在五个方面采取措施以推进该计划的实施：一是创立高校与行业企业联合培养人才的新机制。企业由单纯的用人单位变为联合培养单位，高校和企业共同设计培养目标，制订培养方案，共同实施培养过程。二是以强化工程能力与创新能力为重点，改革人才培养模式。在企业设立一批国家级“工程实践教育中心”，学生在企业学习一年，“真刀真枪”做毕业设计。三是改革完善工程教师职务聘任、考核制度。高校对工程类学科专业教师的职务聘任与考核要以评价工程项目设计、专利、产学合作和技术服务为主，优先聘任有企业工作经历的教师，教师晋升时要有一定年限的企业工作经历。四是扩大工程教育的对外开放。国家留学基金优先支持师生开展国际交流和海外企业实习活动。五是教育界与工业界联合制定人才培养标准。教育部与中国工程院联合制定通用标准，与行业部门联合制定行业专业标准，高校按标准培养人才。参照国际通行标准，评价“卓越计划”的人才培养质量。

2010 年 6 月 30 日，教育部批准清华大学等 61 所高校为第一批“卓越工程师教育培养计划”实施高校，合肥工业大学土木工程和机械设计制造及其自动化两个专业成功入选。2011 年 9 月 15 日合肥工业大学召开启动大会(见图 1－2)。

图 1-2　合肥工业大学召开“卓越工程师培养计划”启动大会

我国从 2008 级本科生起试点实施“卓越工程师教育培养计划”，2010 年起正式实施。至今，从首批 61 所试点高校，到第二批新增 133 所，再到第三批新增 14 所，已覆盖 30 个省份 208 所高校。其中，“985 工程”院校 28 所，“211 工程”院校 42 所，普通本科院校 119 所，新建本科院校 19 所。

1.2.2　卓越工程师教育培养计划 2.0

2018 年 9 月 17 日，教育部、工业和信息化部、中国工程院发布《关于加快建设发展新工科实施卓越工程师教育培养计划 2.0 的意见》(见图 1-3)。

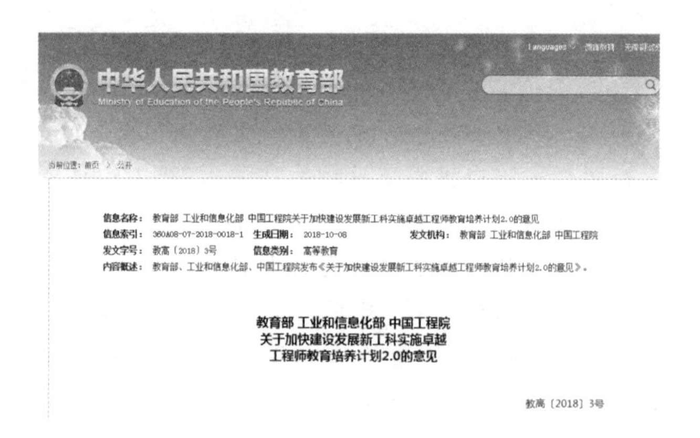

图 1-3　《关于加快建设发展新工科实施卓越工程师教育培养计划 2.0 的意见》

教育部将拓展实施“卓越工程师教育培养计划 2.0”，适时增加“新工科”专业点；在产学合作协同育人项目中设置“新工科建设专题”，汇聚企业资源。

总体思路：面向工业界、面向世界、面向未来，主动应对新一轮科技革命和产业变革挑战，服务制造强国等国家战略，紧密对接经济带、城市群、产业链布局，以加入国际工程教育《华盛顿协议》组织为契机，以新工科建设为重要抓手，持续深化工程教育改革，加快培养适应和引领新一轮科技革命和产业变革的卓越工程科技人才，打造世界工程创新中心和人才高地，提升国家硬实力和国际竞争力。

目标要求：经过 5 年的努力，建设一批新型高水平理工科大学、多主体共建的产业学院和未来技术学院、产业急需的新兴工科专业、体现产业和技术最新发展的新课程等，培养一批工程实践能力强的高水平专业教师，20％以上的工科专业点通过国际实质等效的专业认证，形成中国特色、世界一流工程教育体系，进入高等工程教育的世界第一方阵前列。

改革任务和重点举措：

(1)深入开展新工科研究与实践。加快新工科建设，统筹考虑"新的工科专业、工科的新要求"，改造升级传统工科专业，发展新兴工科专业，主动布局未来战略必争领域人才培养。深入实施新工科研究与实践项目，更加注重产业需求导向，更加注重跨界交叉融合，更加注重支撑服务，探索建立工程教育的新理念、新标准、新模式、新方法、新技术、新文化。推进分类发展，工科优势高校要对工程科技创新和产业创新发挥关键作用，综合性高校要对催生新技术和孕育新产业发挥引领作用，地方高校要对区域经济发展和产业转型升级发挥支撑作用。

(2)树立工程教育新理念。全面落实"学生中心、产出导向、持续改进"的先进理念，面向全体学生，关注学习成效，建设质量文化，持续提升工程人才培养水平。树立创新型、综合化、全周期工程教育理念，优化人才培养全过程、各环节，培养学生对产品和系统的创新设计、建造、运行和服务能力。着力提升学生解决复杂工程问题的能力，加大课程整合力度，推广实施案例教学、项目式教学等研究性教学方法，注重综合性项目训练。强化学生工程伦理意识与职业道德，融入教学环节，注重文化熏陶，培养以造福人类和可持续发展为理念的现代工程师。

(3)创新工程教育教学组织模式。系统推进教学组织模式、学科专业结构、人才培养机制等方面的综合改革。打破传统的基于学科的学院设置，在科研实力强、学科综合优势明显的高校，面向未来发展趋势建立未来技术学院；在行业特色鲜明、与产业联系紧密的高校，面向产业急需建设与行业企业等共建共管的现代产业学院。推动学科交叉融合，促进理工结合、工工交叉、工文渗透，孕育产生交叉专业，推进跨院系、跨学科、跨专业培养工程人才。

(4)完善多主体协同育人机制。推进产教融合、校企合作的机制创新，深化产学研合作办学、合作育人、合作就业、合作发展。积极推动国家层面"大学生实习条例"立法进程，完善党政机关、企事业单位、社会服务机构等接收高校学生实习实训的制度保障。探索实施工科大学生实习"百万计划"，认定一批工程实践教育基地，布局建设一批集教育、培训及研究为一体的共享型人才培养实践平台，拓展实习实践资源。构建产学合作协同育人项目三级实施体系，搭建校企对接平台，以产业和技术发展的最新需求推动人才培养改革。

(5)强化工科教师工程实践能力。建立高校工科教师工程实践能力标准体系，把行业背景和实践经历作为教师考核和评价的重要内容。实施高校教师与行业人才双向交流"十万计划"，搭建工科教师挂职锻炼、产学研合作等工程实践平台，实现专业教师工程岗位实践全覆盖。实施工学院院长教学领导力提升计划，全面提升工程意识、产业敏感度和教学组织能力。加快开发新兴专业课程体系和新形态数字课程资源，通过多种形式教师培训推广应用最新改革成果。

(6)健全创新创业教育体系。推动创新创业教育与专业教育紧密结合,注重培养工科学生设计思维、工程思维、批判性思维和数字化思维,提升创新精神、创业意识和创新创业能力。深入实施大学生创新创业训练计划,努力使50%以上工科专业学生在校期间参与一项训练项目或赛事活动。高校要整合校内外实践资源,激发工科学生技术创新潜能,为学生创新创业提供创客空间、孵化基地等条件,建立健全帮扶体系,积极引入创业导师、创投资金等社会资源,搭建大学生创新创业项目与社会对接平台,营造创新创业良好氛围。

(7)深化工程教育国际交流与合作。积极引进国外优质工程教育资源,组织学生参与国际交流、到海外企业实习,拓展学生的国际视野,提升学生全球就业能力。推动高校与"走出去"的企业联合,培养熟悉外国文化、法律和标准的国际化工程师,培养认同中国文化、熟悉中国标准的工科留学生。围绕"一带一路"建设需求,探索组建"一带一路"工科高校战略联盟,搭建工程教育国际合作网络,提升工程教育对国家战略的支撑能力。以国际工程教育《华盛顿协议》组织为平台,推动工程教育中国标准成为世界标准,推进注册工程师国际互认,扩大我国在世界高等工程教育中的话语权和决策权。支持工程教育认证机构走出国门,采用中国标准、中国专家、中国方法、中国技术评估认证海外高校和专业。

(8)构建工程教育质量保障新体系。建立健全工科专业类教学质量国家标准、卓越工程师教育培养计划培养标准和新工科专业质量标准。完善工程教育专业认证制度,稳步扩大专业认证总体规模,逐步实现所有工科专业类认证全覆盖。建立认证结果发布与使用制度,在学科评估、本科教学质量报告等评估体系中纳入认证结果。支持行业部门发布人才需求报告,积极参与相关专业人才培养的质量标准制定、毕业生质量评价等工作,汇聚各方力量共同提升工程人才培育水平,加快建设工程教育强国。

2019年4月29日,教育部"六卓越一拔尖"计划2.0启动大会在天津大学召开(见图1-4)。本次会议主题为以习近平新时代中国特色社会主义思想为指导,深入贯彻党的十九大和全国教育大会精神,落实新时代全国高校本科教育工作会议和"新时代高教40条"要求,全面推进"六卓越一拔尖"计划2.0实施,引领推动新工科、新医科、新农科、新文科建设,深化高等教育教学改革,打赢全面振兴本科教育攻坚战,全面提高高校人才培养质量。

图1-4 教育部"六卓越一拔尖"计划2.0启动大会

1.2.3 国家工程教育认证

工程教育是我国高等教育的重要组成部分，在高等教育体系中“三分天下有其一”。据统计，2013 年我国普通高校工科毕业生人数达到 2876668 人，本科工科在校生人数达到 4953334 人，本科工科专业布点数达到 15733 个，总规模已位居世界第一。工程教育在国家工业化进程中，对门类齐全、独立完整的工业体系的形成与发展，发挥了不可替代的作用。

工程教育专业认证是国际通行的工程教育质量保障制度，也是实现工程教育国际互认和工程师资格国际互认的重要基础。工程教育专业认证的核心就是要确认工科专业毕业生达到行业认可的既定质量标准要求，是一种以培养目标和毕业出口要求为导向的合格性评价。工程教育专业认证要求专业课程体系设置、师资队伍配备、办学条件配置等都围绕学生毕业能力达成这一核心任务展开，并强调建立专业持续改进机制和文化以保证专业教育质量和专业教育活力。

《华盛顿协议》是国际工程师互认体系的六个协议中最具权威性、国际化程度较高、体系较为完整的“协议”，是加入其他相关协议的门槛和基础，该协议提出的工程专业教育标准和工程师职业能力标准，是国际工程界对工科毕业生和工程师职业能力公认的权威要求。

2013 年 6 月 19 日，国际工程联盟大会经过正式表决，全票通过接纳我国为《华盛顿协议》预备会员的决定(见图 1-5)。2016 年 6 月 2 日，在吉隆坡召开的国际工程联盟大会上，全票通过了我国加入《华盛顿协议》的转正申请，我国成为第 18 个《华盛顿协议》正式成员(见图 1-6)。

图 1-5　中国科协代表我国加入《华盛顿协议》(2013 年预备会员)

土木类专业主要包括：土木工程、建筑环境与能源应用工程、给排水科学与工程、建筑电气与智能化等专业。2021 年 6 月，住建部公布了高等学校土木类专业评估(认证)结论

（见图 1－7）。合肥工业大学土木类专业国家工程教育认证情况见表 1－1 所列。

中华人民共和国中央人民政府
www.gov.cn

国务院 总理 新闻 政策 互动 服务 数据 国情 国家政务服务平台

首页 > 新闻 > 滚动

中国科协代表我国正式加入国际工程联盟《华盛顿协议》

中央政府门户网站 www.gov.cn 2016-06-02 20:54 来源：新华社

【字体：大 中 小】 打印

新华社北京6月2日电（记者 余晓洁、阳娜）中国科学技术协会第九次全国代表大会6月2日在北京闭幕。同日，在吉隆坡举行的国际工程联盟2016年会议传来好消息：《华盛顿协议》全票通过中国科协代表我国由《华盛顿协议》预备会员“转正”，成为该协议第18个正式成员。

这是我国科技组织在国际舞台上取得重要话语权的标志。它意味着，通过中国科协所属中国工程教育专业认证协会（CEEAA）认证的中国大陆工程专业本科学位将得到美、英、澳等所有该协议正式成员的承认。

中国科协相关负责人表示，正式加入《华盛顿协议》，有利于提高我国工程教育质量、促进我国按照国际标准培养工程师、提高工程技术人才的培养质量，是推进我国工程师资格国际互认的基础和关键，对于我国工程技术领域应对国际竞争、走向世界具有重要意义。

图 1－6 中国加入《华盛顿协议》(2016 年正式成员)

中华人民共和国住房和城乡建设部
Ministry of Housing and Urban-Rural Development of the People's Republic of China (MOHURD)

2021年9月26日 星期日

您现在的位置：首页>人事教育>专业评估

关于公布高等学校建筑学、城乡规划、土木工程、给排水科学与工程、建筑环境与能源应用工程、工程管理、工程造价专业评估（认证）结论的通告

土建专业评估通告〔2021〕第2号

根据高等学校建筑学、城乡规划、土木工程、给排水科学与工程、建筑环境与能源应用工程、工程管理、工程造价专业评估（认证）工作有关规定，2021年度共有65所学校的82个专业点通过专业评估（认证），其中初次通过评估的专业点28个。现将2021年专业评估（认证）结论及历年通过学校名单予以公布。

全国高等学校建筑学专业教育评估委员会
住房和城乡建设部高等教育城乡规划专业评估委员会
住房和城乡建设部高等教育土木工程专业评估委员会
住房和城乡建设部高等教育给排水科学与工程专业评估委员会
住房和城乡建设部高等教育建筑环境与能源应用工程专业评估委员会
住房和城乡建设部高等教育工程管理专业评估委员会
2021年6月28日

图 1－7 住建部公布土建专业评估(认证)结论通告(2021 年)

表 1－1 合肥工业大学土木类专业国家工程教育认证情况

序号	专业名称	概况
1	土木工程	2020 年通过国家工程教育专业认证(6 年有效)，连续 5 次通过
2	给排水科学与工程	2018 年通过国家工程教育专业认证(6 年有效)，连续 2 次通过
3	建筑环境与能源应用工程	2017 年通过国家工程教育专业评估(5 年有效)

1.2.4 合肥工业大学土木类实习模式

合肥工业大学土木类专业在培养学生实践能力方面，紧跟国家教育发展大趋势，不断深化改革，创新发展特色明显的土木类专业实践教学模式。本专业企业实习的实践教学模式主要经历以下三个阶段发展历程。

1. 传统毕业实习模式

卓越工程师教育计划1.0未启动实施之前，国内大多数高校主要采用集中参观为主的实习模式，并未让实习学生完全沉浸在项目施工现场的施工组织和管理中，缺少实操的学习过程，且实习时间相对较短。

2011年之前，合肥工业大学土木工程专业基本按此传统模式开展实习工作，教学计划中设置毕业实习环节，安排在大四下学期毕业设计阶段开展，主要按照建筑工程、道路与桥梁工程两个方向培养特点，由校内专业教师带队，集中前往某地进行为期2周左右的实习，实习形式以现场参观和聆听专业讲座的方式，实习结束后学生需要提交实习总结报告，由校内指导教师根据学生实习期间表现及总结报告的内容，综合考评其实习成绩。虽然传统实习方式方便组织与管理，但实习的实际教学效果与实习教学目标仍存在差距。由于在模式上仍主要采取参观和听讲座报告的形式，学生的动手实践机会缺乏，能力获取较难达到实习目标要求，且考核时单一的按照实习表现和总结报告进行考核的方式，也难以全面客观地反映学生实际的动手实践能力。

2. 卓越计划1.0企业实习模式

针对传统实习模式存在的诸多不利问题，特别是合肥工业大学土木工程专业整体推行实施卓越工程师教育培养计划1.0后，为适应卓越人才培养的形势，院校两级层面及时调整优化实习培养模式，从制订培养方案入手，积极推进校外实习基地建设，重点突出企业实习环节在卓越人才培养全过程的重要地位，强化学生理论联系实际的过程性实践培养，全面提高学生的综合素质和能力，为实现就业零适应期目标打下扎实基础。

合肥工业大学是首批卓越工程师教育培养计划实施高校，在无任何经验可借鉴的背景下，针对企业实习的培养模式、管理制度、质保措施、考核机制等方面，边探索边完善，逐步形成了特有的企业实习教学培养特色。企业学习涵盖生产实习和毕业实习，安排在大三结束后的暑假期间开展，时间为期2个月左右。企业学习内容包含工程测量、工程造价、施工技术、施工组织设计、试验检测技术、工程设计等模块，学生进驻项目场地后，结合施工场地的工程建设进度，在校内指导老师和企业指导老师的双重指导下，完成上述某个模块或多个模块的实践学习，侧重在实际工程背景下，强化理论联系实际、运用专业知识解决工程实际问题能力的塑造和培养。

企业学习实行以实习单位为主、学校为辅的校企双方考核制度，考核的重点是学生组织纪律性以及企业学习任务的完成情况，内容包括学生的企业学习日志、企业学习报告、企业学习出勤情况、实习答辩等。经过10多年的建设，已与中国建筑集团有限公司、中国中铁股份有限公司、中化集团公司、上海建工集团股份有限公司、安徽建工集团股份有限公司、安徽交通控股集团有限公司等大型企业建立了紧密的人才培养和产学研合作关系，共建有100余个实习基地，为培养具有国际化视野和创新精神的工程技术人才奠定了坚实的基础。

3. 卓越计划2.0企业学习模式

在卓越计划1.0实施后，合肥工业大学土木工程专业经过不断探索和实践，特别是结合2017年国家专业认证工作的进一步优化建设，已逐渐形成效果好、认可度高的企业学习模式，其成熟经验已在学校其他专业进行推广。2019年教育部启动“六卓越一拔尖”计划2.0，要求以习近平新时代中国特色社会主义思想为指导，深入贯彻党的十九大和全国教育大会精神，推动新工科建设，全面提高高校人才培养质量。为适应新时代本科人才培养要求和现代企业用人机制的特点，以学生为中心，将单纯的企业实习模式转化为就业引领下的企业实习，通过每年组织就业实习对接会，搭建用人单位和学生之间的双选平台，进一步拓宽就业和实习互通渠道，创造良好的就业氛围，通过加强校企合作协同育人，实现学生充分高质量就业和精准就业。

经过近几年的具体实施，就业实习对接会在企业实习中确实承担了重要作用，每年的对接会规模也在不断扩大，如在2021年5月举办的对接会现场，有中建三局第二建设工程有限责任公司、中国电子工程设计院有限公司河南分公司、中建五局第三建设有限公司、上海建工一建集团有限公司、安徽省交通航务工程有限公司、青岛海信日立空调系统有限公司等60余家企业入驻，涵盖设计、施工、房地产、建筑设备等各个领域，各单位负责人也亲临招聘会现场遴选优秀毕业生和就业实习生，提供就业及实习岗位2000余个，企业与学生现场双向选择，学生与用人单位签订了就业实习协议，不仅使企业储备了优秀人才，而且也能让学生提前规划好就业方向，并利用企业实习深入了解社会。合肥工业大学2018级土木类专业企业实习对接会如图1-8所示。

图1-8　合肥工业大学2018级土木类专业企业实习对接会

1.3 企业学习指南的编制作用

在世界经济全球化和技术多元化的今天，工程的重要性更加凸显，培养和拥有大批具备创新精神和实践能力的高素质工程人才是建设创新型国家的重要任务。要培养合格的工程人才，必须经历工程知识的学习、工程实践的训练和工作实际的体验。大量研究表明，企业实习是让学生参与实践并获得工作经验的最佳方式之一。企业实习是高校工科教学中一种应用普遍的实践教学活动，可为学生提供实际的工作环境，培养学生专业实践能力，同时增强他们的社会认知和职业意识，并获得一定的工作经验，对学生能力的发展和职业的发展有重要意义。

目前企业实习主要存在诸多问题：部分高校对实习不够重视，实习经费投入不足，实习基地建设不规范，实习组织管理不到位，实习过程管理弱化，过程管理不规范，缺少对实习生在实习过程中表现的关注，实习生自我管理意识不强等，在一定程度上影响了人才培养质量的整体提升。

鉴于目前我国高等院校缺乏一本适合企业实习的指导用书，本指南结合合肥工业大学土木类专业实施国家卓越工程师计划和工程教育认证的成功经验，组织有丰富实践指导经验的教师编写本书。本指南的主要作用如下：

(1)对学生的指导作用

实习是人才培养的重要组成部分，是学生了解社会、接触生产实际，获取和掌握生产现场相关知识的重要途径之一，在培养学生实践能力、创新精神，树立事业心、责任感等方面有着重要作用。学生应当尊重实习指导教师和现场技术人员，遵守学校和实习单位的规章制度和劳动纪律，保守实习单位秘密，服从现场教育管理。

通过本指南，学生可以了解详细的实习目标、实习内容及要求，明确自己需要达到的能力培养要求。本书为科学、规范开展企业实习，从实习大纲、指导书、报告撰写、答辩及成绩评定对企业实习进行全面介绍。

(2)对指导教师的指导作用

企业实习设置校内和校外指导教师，高校和实习单位应当分别选派经验丰富、业务素质好、责任心强、安全防范意识高的教师和技术人员全程管理、指导学生实习。对自行选择单位分散实习的学生，也要安排校内教师跟踪指导。高校要根据实习教学指导和管理需要，合理确定校内指导教师与实习学生的比例。本书明确了实习实施过程中校内外指导教师各自负责的工作内容，依托教学大纲、评价办法和管理办法参与全过程指导。

(3)对高校的指导作用

高校要根据《普通高等学校本科专业类教学质量国家标准》和相关政策对实践教学的基本要求，结合专业特点和人才培养目标，系统组织和保障企业实习的有效实施。

本书可以指导高校系统设计实习教学体系，制定实习大纲，健全实习质量标准，科学安排实习内容、实习过程指导和管理，明确实习目标、任务、考核标准等，建设好实习基地。

1.4 企业学习指南的主要内容

《土木类专业企业学习指南——实习分册》一书共分 6 章，包括绪论、工程教育认证对企业实习的要求、企业学习的教学大纲、企业学习指导书、企业学习的考核与评定、企业实习管理办法等。

(1)绪论

第 1 章介绍了与企业学习相关的术语，让学生掌握基本概念；总结了企业学习的发展历程，认识了“卓越工程师教育培养计划”和国家工程教育认证的重要性，让学生了解企业学习模式的发展过程；阐述了企业学习指南编制的作用，让学生、指导教师和实习企业明确学习目标、教学安排、组织管理等；概括了全书的主要内容。

(2)工程教育认证对企业实习的要求

第 2 章介绍了工程教育认证的概念、核心理念、《华盛顿协议》及我国工程教育认证的概况，着重说明了我国土木工程专业工程教育认证的发展历史、主要内容，讲述了工程认证教育背景下我国土木工程专业的毕业要求。在上述基础上，确定土木工程专业工程教育认证对企业实习课程的毕业达成要求。

(3)企业学习的教学大纲

第 3 章主要介绍企业学习的教学大纲，其中包括“工程测量”实习模块、“工程造价”实习模块、“施工技术”实习模块及“施工组织设计”实习模块，明确各实习模块学习目的与任务、学习基本要求、学习内容、成果要求及考核方式等，从根本上指导企业学习的开展，保障企业学习的效果。

(4)企业学习指导书

第 4 章首先介绍了企业学习的目标和任务，让学生理解实习环节的目标及具体任务要求；其次，规定了测量、造价、施工及施工组织等方面的学习内容及要求；再次，明确了学校教学单位、指导教师和企业指导教师的基本职责；最后，介绍了实习流程、考核方式和学习计划安排。

(5)企业学习的考核与评定

第 5 章针对企业学习的考核标准与成绩评定，主要从学习态度、技术能力、过程记录等方面阐述了企业学习的考核方法与具体指标，以及从企业指导教师和校内指导教师的考核评价角度，分别介绍如何以不同要素指标综合评价学生企业实习的效果，使考核和评定更加全面和客观。

(6)企业实习管理办法

第 6 章主要介绍了企业学习管理办法，包括总则、组织管理、过程管理、纪律管理、成绩管理、费用管理、安全管理、附则等 8 个方面。

2 工程教育认证对企业实习的要求

本章要点：本章介绍了工程教育认证的基本概念、核心理念、《华盛顿协议》及我国工程教育认证的概况，着重说明了我国土木工程专业工程教育认证的发展历史、主要内容，讲述了工程认证教育背景下我国土木工程专业的毕业要求。在此基础上，确定了土木工程专业工程教育认证对企业实习课程的毕业达成要求。

2.1 工程教育专业认证

工程教育专业认证是指专业认证机构针对高等教育机构开设的工程类专业教育而实施的专门性认证，由专门职业或行业协会、学会(联合会)会同该领域的教育专家和相关行业企业专家一起进行，旨在为相关工程技术人才进入工业界从业提供预备教育质量保证。

工程教育专业认证是国际通行的工程教育质量保障制度，也是实现工程教育国际互认和工程师资格国际互认的重要基础。工程教育专业认证的核心就是要确认工科专业毕业生达到行业认可的既定质量标准要求，是一种以培养目标和毕业出口要求为导向的合格性评价。工程教育专业认证要求专业课程体系设置、师资队伍配备、办学条件配置等都围绕学生毕业能力达成这一核心任务展开，并强调建立专业持续改进机制和文化以保证专业教育质量和专业教育活力。

国际间本科工程教育学位互认可以通过《华盛顿协议》(Washington Accord)来实现。《华盛顿协议》是本科工程教育学位互认协议，1989 年由美国、英国、加拿大、爱尔兰、澳大利亚、新西兰 6 个国家的民间工程专业团体共同发起和签署。该协议主要针对国际上本科工程教育学位(其学制一般为四年)资格互认，由各签约成员确认已认证的工程教育学位，并建议毕业于任一签约成员已认证专业的人员均应被其他签约国(地区)视为已获得从事工程工作的学术资格。《华盛顿协议》规定任何签约成员须为本国(地区)政府授权的、独立的、非政府和专业性社团。

《华盛顿协议》的主要内容包括：①各正式成员所采用的工程专业认证标准、政策和程序基本等效；②各正式成员互相承认其他正式成员提供的认证结果，并以适当的方式发表声明承认该结果；③促进专业教育实现工程职业实践所需的教育准备；④各正式成员保持相互的监督和信息交流。加入华盛顿协议，先要经过“预备”阶段，最短两年后可以成为正式签约组织。从“预备”阶段成为正式成员，有严格、规范的程序，主要有两个方面的要求：一是认证体系和程序实质等效于协议其他成员的认证体系和程序；二是认证所采用的毕业生标准实质等效于协议中的毕业生素质要求。

工程教育是我国高等教育的重要组成部分，在高等教育体系中“三分天下有其一”。目前我国工程教育总规模已位居世界第一。工程教育在国家工业化进程中，对于门类齐全、独立完整的工业体系的形成与发展，发挥了不可替代的作用。在我国，工程教育专业认证是由专门职业或行业协会、学会（联合会）会同该领域的教育工作者和相关行业、企业专家一起进行的，针对高等教育本科工程类专业开展的一种合格性评价。我国开展工程教育专业认证的目的是构建工程教育的质量监控体系，推进工程教育改革，进一步提高工程教育质量；建立与工程师制度相衔接的工程教育专业认证体系，促进工程教育与工业界的联系，增强工程教育人才培养对产业发展的适应性；促进中国工程教育的国际互认，提升我国工程技术人才的国际竞争力。我国的工程教育认证标准以《华盛顿协议》提出的毕业生素质要求（Graduate Attribute Profiles）为基础，符合国际实质等效要求。

现行认证标准由通用标准和专业补充标准两部分构成。通用标准规定了专业在学生、培养目标、毕业要求、持续改进、课程体系、师资队伍和支持条件 7 个方面的要求；专业补充标准规定相应专业领域在上述一个或多个方面的特殊要求和补充。认证标准各项指标的逻辑关系为以学生为中心，以培养目标和毕业要求为导向，通过足够的师资队伍和完备的支持条件保证各类课程教学的有效实施，并通过完善的内、外部质量控制机制进行持续改进，最终保证学生培养质量满足要求。

2.2 土木工程专业工程教育认证

我国土木工程专业工程教育认证历经了土木工程专业评估和土木工程专业认证两个阶段。土木工程专业工程教育认证从 1994 年开始，以土木工程专业评估的方式开展教育认证，由全国高等学校土木工程专业教育认证委员会负责实施，该委员会主要由工程教育界的资深学者和工程界的高级执业工程师组成，具有专业权威性。专业认证标准力求与国际公认水准相当，认证程序与方法也力求符合国际惯例，并在实际运作中严格按照正式颁布的标准和程序行事。在制定土木工程专业认证制度之初就同时考虑了它与有关工程师注册制度的衔接，与外国同行保持密切的交流和合作，积极研究国际认证经验，认真结合中国国情，予以消化吸收，形成我国的专业认证体系。经过近 30 年的发展，土木工程专业工程教育认证已经从起初的土木工程专业评估逐步过渡到土木工程专业认证，从 1995 年最初的 10 所高校发展到 2020 年 102 所高校通过专业评估或认证，为我国土木工程专业人才培养质量的提升做出了巨大的贡献。

土木工程专业认证涉及学生、培养目标、毕业要求、持续改进、课程体系、师资队伍、支持条件 7 个方面的内容，由开设土木工程专业高校根据各自的人才培养体系编制包含此 7 个方面内容的自评报告，交由全国高等学校土木工程专业教育认证委员会进行审议，确定其是否符合土木工程专业认证的标准要求。

2.3 土木工程专业毕业要求

经过 20 多年的发展，2017 年 6 月住房和城乡建设部高等教育土木工程专业评估委员会发布了《土木工程专业补充标准》，标准中明确提出以下 12 条土木工程专业本科毕业要求。

(1)工程知识:能够将数学、自然科学、工程基础和专业知识用于解决土木工程专业的复杂工程问题。

(2)问题分析:能够应用数学、自然科学和工程科学的基本原理,识别、表达并通过文献研究分析土木工程专业的复杂工程问题,以获得有效结论。

(3)设计/开发解决方案:能够设计(开发)满足土木工程特定需求的体系、结构、构件(节点)或者施工方案,并在设计环节中考虑社会、健康、安全、法律、文化以及环境等因素。在提出复杂工程问题的解决方案时具有创新意识。

(4)研究:能够基于科学原理、采用科学方法对土木工程专业的复杂工程问题进行研究,包括设计实验,收集、处理、分析与解释数据,通过信息综合得到合理有效的结论并应用于工程实践。

(5)使用现代工具:能够针对复杂工程问题,开发、选择与使用恰当的技术、资源、现代工程工具和信息技术工具,包括对复杂工程问题的预测与模拟,并能够理解其局限性。

(6)工程与社会:能够基于土木工程相关的背景知识和标准,评价土木工程项目的设计、施工和运行的方案,以及复杂工程问题的解决方案,包括其对社会、健康、安全、法律以及文化的影响,并理解土木工程师应承担的责任。

(7)环境和可持续发展:能够理解和评价针对土木工程专业的复杂工程问题的工程实践对环境、社会可持续发展的影响。

(8)职业规范:了解中国国情,具有人文社会科学素养、社会责任感,能够在工程实践中理解并遵守工程职业道德和行为规范,做到责任担当、贡献国家、服务社会。

(9)个人和团队:在解决土木工程专业的复杂工程问题时,能够在多学科组成的团队中承担个体、团队成员或负责人的角色。

(10)沟通:能够就土木工程专业的复杂工程问题与业界同行及社会公众进行有效沟通和交流,包括撰写报告和设计文稿、陈述发言、表达或回应指令。具备一定的国际视野,能够在跨文化背景下进行沟通和交流。

(11)项目管理:在与土木工程专业相关的多学科环境中理解、掌握、应用工程管理原理与经济决策方法,具有一定的组织、管理和领导能力。

(12)终身学习:具有自主学习和终身学习的意识,具有提高自主学习和适应土木工程新发展的能力。

2.4 企业实习课程毕业要求达成

工程教育认证秉持"以学生为中心、产出导向、持续改进"的核心理念,强调针对"复杂工程问题"的分析、解决能力。以合肥工业大学土木工程专业为例,详细讲述土木工程专业工程教育认证对企业实习课程的毕业达成要求。

合肥工业大学以"培养德才兼备,能力卓越,自觉服务国家的骨干与领军人才"为人才培养总目标,构建了"三位一体"的教育教学集成体系,全面落实"以本为本、四个回归",形成了"工程基础厚、工作作风实、创业能力强"的人才培养特色,在充分考虑复杂土木工程问题主要特征的基础上,将土木工程专业毕业要求细化为 27 个指标点;最后设计教学体系,布局合理、任务明确的课程及教学环节使得每个毕业要求指标点都有相应的教学活动或环节支撑。与之对应，在高质量有保障的师资队伍、支持条件基础上，通过课程等教学活动，正向实施专业人才的培养过程，使学生获得相关的能力要素，确保毕业要求的达成，以支撑培养目标；同时根据已建立的校内外多级质量监控、反馈机制，通过开展系列评价并分析结果，依据评价结果进行专业的持续改进。针对工程教育专业认证提出的12项毕业要求，为方便评价衡量，将毕业要求每项分解成为1～3个指标点，覆盖工程知识、问题分析、设计/开发解决方案、研究、使用现代工具、工程与社会、环境和可持续发展、职业规范、个人和团队、沟通、项目管理和终身学习各个方面(见表2-1)。

表2-1　合肥工业大学土木工程专业毕业要求指标点

编号	一级指标	二级指标
GA1	工程知识：能够将数学、自然科学、工程基础和专业知识用于解决土木工程专业的复杂工程问题	1.1 能够应用数学、自然科学和工程基础阐述土木工程专业的复杂工程问题； 1.2 能够应用专业基础理论和知识，建立复杂土木工程问题的计算模型并进行推理和解答； 1.3 能够应用专业知识，解决土木工程领域的复杂工程问题
GA2	问题分析：能够应用数学、自然科学和工程科学的基本原理，识别、表达并通过文献研究分析土木工程专业的复杂工程问题，以获得有效结论	2.1 具有收集、整理和归纳资料的能力； 2.2 能够应用数学、自然科学和工程科学的基本原理，识别和表达土木工程专业的复杂工程问题； 2.3 具有分析土木工程领域的复杂工程问题并获得有效结论的能力
GA3	设计/开发解决方案：能够设计满足复杂土木工程特定需求的体系、结构、构件(节点)或者施工方案，并在设计环节中考虑社会、健康、安全、法律、文化以及环境等因素。在提出土木工程专业的复杂工程问题的解决方案时具有创新意识	3.1 能运用土木工程设计、施工基本原理和方法，设计/开发满足土木工程特殊需求的体系、结构、构件(节点)以及施工方案； 3.2 在设计环节、施工方案中能够考虑社会、健康、安全、法律、文化以及环境等因素的影响； 3.3 能够提出复杂工程问题的设计、施工方案，并具有创新意识
GA4	研究：能够基于科学原理、采用科学方法对土木工程专业的复杂工程问题进行研究，包括设计实验，收集、处理、分析与解释数据，通过信息综合得到合理有效的结论并应用于工程实践	4.1 针对土木工程专业的复杂工程问题，能够运用相关的实验基本原理和科学方法，进行实验设计和实施； 4.2 能够对实验数据进行收集、处理、分析与解释，通过信息综合获得合理有效的结论并应用于工程实践

（续表）

编号	一级指标	二级指标
GA5	使用现代工具：针对复杂工程问题，能够开发、选择与使用恰当的技术、资源、现代工程工具和信息技术工具，包括对复杂工程问题的预测与模拟，并能够理解其局限性	5.1 针对复杂工程问题，能够选择与使用或开发恰当的技术、资源、现代工程工具和信息技术工具； 5.2 能够根据工程实际需要进行数值建模和数值计算，并对预测与模拟结果的有效性和局限性进行分析
GA6	工程与社会：能够基于土木工程相关的背景知识和标准，评价土木工程项目的设计、施工和运行的方案，以及复杂工程问题的解决方案，包括其对社会、健康、安全、法律以及文化的影响，并理解土木工程师应承担的责任	6.1 能够综合运用土木工程和相关背景知识分析、判断和评价复杂的土木工程全过程可能产生的社会、健康、安全、法律以及文化等方面的风险，并制订相应的解决方案； 6.2 能够理解土木工程师在工程项目全过程中应承担的责任
GA7	环境和可持续发展：能够理解和评价针对土木工程专业的复杂工程问题的工程实践对环境、社会可持续发展的影响	7.1 能够理解和评价土木工程复杂工程问题的工程实践对环境、社会可持续发展的影响； 7.2 具有推广使用土木工程的新材料、新工艺、新方法的意识
GA8	职业规范：具有人文社会科学素养、社会责任感，能够在工程实践中理解并遵守工程职业道德和行为规范，做到责任担当、贡献国家、服务社会	8.1 具备必要的人文社会科学知识和素养，明确工程师在贡献国家、服务社会方面的责任担当； 8.2 具有正确的工程伦理规范和职业价值观，在工程实践中遵守职业道德和行为规范
GA9	个人和团队：在解决土木工程专业的复杂工程问题的实践中，能在多学科背景下的团队中积极与他人协作，既能做好个人、团队成员，也能承担负责人的角色	9.1 具有团队合作意识，胜任团队成员的角色，并能与其他成员协同合作； 9.2 具有领导一个团队协同工作的能力
GA10	沟通：能够就土木工程专业的复杂工程问题与业界同行及社会公众进行有效沟通和交流，包括撰写报告和设计文稿、陈述发言、清晰表达或回应指令；具备一定的国际视野，能够在跨文化背景下进行沟通和交流	10.1 能就复杂土木工程问题，采用口头或书面等形式与工程相关方、业界同行及社会公众进行有效沟通和交流，实现工程信息的有效传达； 10.2 至少掌握一门外语，具有国际视野及国际交流与合作的技能
GA11	项目管理：在与土木工程专业相关的多学科环境中理解、掌握、应用工程管理原理与经济决策方法，具有一定的组织、管理和领导能力	11.1 掌握工程项目管理基本理论，具有开展工程组织、管理和领导的能力； 11.2 掌握工程经济基本理论和分析方法，具备对工程项目进行预测、决策和全寿命期综合评价的能力
GA12	终身学习：具有自主学习和终身学习的意识，具有不断学习和适应土木工程新发展的能力	12.1 身心健康，具有自主学习和终身学习的意识； 12.2 针对个人职业发展，具有终身学习和适应土木工程行业新发展的能力

企业实习是合肥工业大学土木工程专业学生毕业达成最重要的实践环节之一。在工程教育认证背景下，企业实习课程通过培养学生相应的能力，以支撑表 2－1 中相关的毕业要求指标点。企业实习课程培养的能力与毕业要求达成指标点见表 2－2 所列。从表2－2 中可以看出，企业实习课程培养的相关能力支撑了毕业要求学生达成的 10 个指标点。

表 2－2　企业实习课程培养的能力与毕业要求达成指标点

编号	企业实习课程培养的能力	毕业要求指标点
1	能够提出复杂工程问题的设计、施工方案，并具有创新意识	1.1 能够应用数学、自然科学和工程基础阐述土木工程专业的复杂工程问题； 1.3 能够应用专业知识，解决土木工程领域的复杂工程问题； 3.1 能运用土木工程设计、施工基本原理和方法，设计/开发满足土木工程特殊需求的体系、结构、构件(节点)以及施工方案； 3.3 能够提出复杂工程问题的设计、施工方案，并具有创新意识
2	具有推广使用土木工程的新材料、新工艺、新方法的意识	7.1 能够理解和评价土木工程复杂工程问题的工程实践对环境、社会可持续发展的影响； 7.2 具有推广使用土木工程的新材料、新工艺、新方法的意识
3	具备必要的人文社会科学知识和素养，明确工程师在贡献国家、服务社会方面的责任担当	8.1 具备必要的人文社会科学知识和素养，明确工程师在贡献国家、服务社会方面的责任担当；
4	能就复杂的土木工程问题，采用口头或书面等形式与工程相关方、业界同行及社会公众进行有效沟通和交流，实现工程信息的有效传达	10.1 能就复杂土木工程问题，采用口头或书面等形式与工程相关方、业界同行及社会公众进行有效沟通和交流，实现工程信息的有效传达
5	针对个人职业发展，具有终身学习和适应土木工程行业新发展的能力	12.1 身心健康，具有自主学习和终身学习的意识； 12.2 针对个人职业发展，具有终身学习和适应土木工程行业新发展的能力

3 企业学习的教学大纲

本章要点:本章主要介绍了企业学习的教学大纲,其中包括"工程测量"实习模块、"工程造价"实习模块、"施工技术"实习模块及"施工组织设计"实习模块,明确各实习模块学习目的与任务、学习基本要求、学习内容、成果要求及考核方式等,从根本上指导企业学习的开展,保障企业学习的效果。

3.1 "土木工程企业学习"实践教学大纲概况

3.1.1 课程概况

<table>
<tr><td>开课单位</td><td colspan="2">土木与水利工程学院</td><td>课程类型</td><td colspan="2">专业必修课</td></tr>
<tr><td>课程名称</td><td colspan="3">土木工程施工企业学习</td><td>课程代码</td><td>0710913B
0710923B</td></tr>
<tr><td>开课学期</td><td colspan="3">第7、8学期</td><td>周数/学分</td><td>9/9</td></tr>
<tr><td>选课对象</td><td colspan="5">土木工程专业</td></tr>
<tr><td>先修课程</td><td colspan="5">钢筋混凝土结构、土木工程施工技术、桥梁工程、路基路面工程、隧道工程等</td></tr>
<tr><td>实习指导书</td><td colspan="5">土木类专业企业学习指南——实习分册</td></tr>
<tr><td>参考书目和资料</td><td colspan="5">各类现行工程设计、施工、检测规范及手册等</td></tr>
<tr><td colspan="6">课程简介:
土木工程施工技术与组织管理企业学习是土木工程专业一个重要的教学环节,目的在于帮助学生从感性上进一步提高对本专业的思想认识,获得施工管理及施工技术方面的生产实际知识,巩固和深化所学的理论知识,培养学生运用所学理论知识解决土木工程生产实际问题的能力与创新能力。</td></tr>
<tr><td colspan="3">课程目标(Course Objectives,CO)</td><td colspan="3">对应的毕业要求(Graduates' Ability,GA)</td></tr>
<tr><td colspan="3">(CO1)进行施工及组织管理(设计、检测等)企业生产过程的参观,扩大学生对本专业的感性知识</td><td colspan="3">(GA3)3.2 在设计环节、施工方案中能够考虑社会、健康、安全、法律、文化以及环境等因素的影响</td></tr>
<tr><td colspan="3">(CO2)进行施工(或设计、检测等)现场工程实习,学习土木工程分部分项工程施工(或设计、检测等)技术</td><td colspan="3">(GA5)5.1 针对复杂工程问题,能够选择与使用或开发恰当的技术、资源、现代工程工具和信息技术工具;
(GA3)3.3 能够提出复杂工程问题的设计、施工方案,并具有创新意识</td></tr>
</table>

（续表）

(CO3)进行施工过程（或设计、检测等）关键技术专题实习，利用施工全过程关键技术（或设计、检测技术等）解决工程实际问题； (CO4)具有工程伦理观念及职业道德，具有终身学习理念、团队意识及沟通能力	(GA6)6.2　能够理解土木工程师在工程项目全过程中应承担的责任； (GA7)7.2　具有推广使用土木工程的新材料、新工艺、新方法的意识； (GA8)8.2　具有正确的工程伦理规范和职业价值观，在工程实践中遵守职业道德和行为规范； (GA9)9.1　具有团队合作意识，能胜任团队成员的角色，并能与其他成员协同合作； (GA10)10.1　能就复杂土木工程问题，采用口头或书面等形式与工程相关方、业界同行及社会公众进行有效沟通和交流，实现工程信息的有效传达； (GA12)12.2　针对个人职业发展，具有终身学习和适应土木工程行业新发展的能力

教学方式 (Pedagogical Methods, PM)	□PM1. 讲授法教学	学时　%	□PM2. 研讨式学习	学时　%
	□PM3. 案例教学	学时　%	□PM4. 网络教学	学时　%
	□PM5. 角色扮演教学	学时　%	√PM6. 体验学习	学时　90%
	□PM7. 服务学习	学时　%	√PM8. 自主学习	学时　10%

评估方式 (Evaluation Methods, EM)	□EM1. 提问及讨论	%	√EM2. 实习日记	20%	√EM3. 出勤率	20%
	√EM4. 实习报告	40%	□EM5. 实习单位鉴定	%	√EM6. 实习答辩	20%
	□EM7. 口试	%	□EM8. 笔试	%		

3.1.2　实习具体内容

时间	课程目标	实习具体内容	教学方式	评估方式
1～8周	CO1 CO2 CO3	现场实习	PM6	EM2/3/4/6
9周	CO1 CO2 CO3 CO4	撰写实习报告、答辩	PM8	EM6

3.1.3　指导教师信息一览表

姓名				
电子邮箱				
电话				
接待咨询地点				
接待咨询时间				

3.1.4 企业实习内容及考核方式

根据企业实际业务范围，实习内容可包括以下四个模块：工程测量、工程造价、施工技术和施工组织设计。

企业实习基本考核模式：

(1)学生在企业学习期间，接受学校和实习单位的双重指导。校企双方要加强对学生实习的过程监控和考核，实行以实习单位为主、学校为辅的校企双方考核制度，由企业指导教师填写“企业学习考核表”。

(2)企业实习考核分两部分：一是实习单位指导教师对学生的考核；二是校内指导教师对学生的综合实习情况进行评价。

(3)校内指导教师要对学生在各实习单位每一部门或岗位的表现情况进行考核，考核的重点是学生的组织纪律性以及学生企业学习任务的完成情况，考核的内容包括学生的企业实习日志、企业实习报告、企业实习出勤情况等。

(4)考核方式：学生提交企业实习日志、企业实习报告，各系组织汇报和答辩。

(5)根据实习单位指导教师和校内指导教师的考核成绩，各系综合评定学生企业学习成绩。

(6)考核等级分优秀、良好、中等、及格和不及格五级。考核成绩为及格及以上学生可获得相应的企业实习学分。

出现以下情况为不及格(60 分以下)：

(1)企业实习态度不端正，未完成企业学习的主要任务，实习日志、实习报告不符合要求；

(2)出勤率低于 70%。

3.2 “工程测量”实习模块

3.2.1 学习目的与任务

(1)验证、巩固课堂所学的知识；熟悉测量仪器的构造和使用方法，培养学生进行测量工作的基本操作技能，使学到的理论与实践紧密结合。

(2)掌握施工放样基本原理和数据处理方法，要求计算出极坐标法测设建筑物外廓轴线交点所需的相关数据，同时将它们测设于实地，并进行必要的检核。

(3)了解对大型工业厂房、高层和超高层民用建筑物以及桥梁、大坝等构筑物进行定期变形观测的基本知识，了解各种变形的原因，掌握常规变形观测的测量方法，正确处理变形观测数据，为分析、防止、预报建(构)筑物变形并采取相应的维护措施确保建(构)筑物安全提供信息。

(4)完成 400～600 m 管道纵、横断面测量工作，掌握其全过程。

(5)识读和应用地形图，在地形图上绘纵断面图，进行场地平整填、挖土方量的计算。

(6)熟悉本专业领域技术标准，相关行业的政策、法律和法规。

(7)具有综合运用所学科学理论方法和技术手段分析并解决工程实际问题的能力，能够参与实际工程测量方案的编制，并具有工程施工测量和施工放样的计算能力。

(8)培养交流沟通、环境适应和团队合作的能力。

3.2.2 学习基本要求

(1)在企业学习前，应复习教材中的有关内容，认真仔细地预习企业学习指导书，明确目的要求、方法步骤及注意事项，以保证按时完成企业学习任务中的相应项目。明确目的要求、方法步骤及注意事项，以保证按时完成企业学习任务。

(2)企业学习分小组进行，组长负责组织和协调企业学习工作，办理仪器工具的借领和归还手续。每个人都必须认真、仔细地操作，培养独立工作能力和严谨的科学态度，同时要发扬互相协作精神。企业学习应在规定时间内进行，不得无故缺席或迟到早退；不得擅自改变地点或离开现场。在企业学习过程中或结束时，发现仪器工具有遗失、损坏情况，应立即报告指导老师。老师要查明原因，根据情节轻重，给予学生适当赔偿或其他处理。

(3)企业学习结束时，应提交书写工整、规范的实验报告和企业学习记录，经企业学习指导教师审阅同意后，才可交还仪器工具，结束工作。

3.2.3 学习内容

(1)工程建设准备阶段：结合工程实际熟悉工程前期相关设计文件，收集并整理相关规范和有关文档资料；必要时进行控制网的布设以及相关地形图测绘工作。

(2)工程建设实施阶段：结合工程实际了解工程实际施工情况，能够根据工程施工进度进行相关施工测量、施工监测以及施工放样等工作。

(3)工程竣工验收与保修阶段：结合工程实际完成竣工图测绘工作，同时开展相关变形监测工作。

根据所在企业学习单位的工程进度，完成以上三个阶段中的 1～2 个阶段的工作内容。

3.2.4 学习成果要求

1. 大比例尺地形图的测绘

本项企业学习包括布设平面和高程控制网、测定图根控制点、进行碎部测量、测绘地形特征点、依比例尺和图式符号进行描绘、拼接整饰成地形图。

2. 地形图的应用

(1)在图上布设民用建筑物一张，并注出四周外墙轴线交点的设计坐标及室内地坪标高。

(2)为了测设建筑物的平面位置，需要在图上平行于建筑物的主要轴线布设一条三点一字形的建筑基线，用图解法求出其中一点的坐标，另外两点的坐标根据设计距离和坐标方位角推算出来。

(3)在自绘的地形图或另外选定的地形图上绘纵断面图一张，要求水平距离比例尺与地形图比例尺相同，高程比例尺可放大 5～10 倍。

(4)在自绘的地形图或另外选定的地形图上进行场地平整，要求按土方平衡的原则分别算出图上某一格网(10 cm×10 cm)内填、挖土方量。

3. 测设

(1)测设建筑基线;

(2)测设民用建筑物。

4. 管道纵横断面测量

(1)管道中线测量;

(2)纵断面测量。

5. 变形观测

(1)了解变形观测的基本知识及各种变形产生的原因;

(2)了解各类测量标志点的布设要求及常用变形观测仪器的使用方法;

(3)初步掌握建筑物沉降、水平位移及倾斜裂缝观测的程序;

(4)了解一般变形观测的数据处理、变形分析的基本知识。

3.2.5 考核方式

(1)成绩评定的依据是学生在企业学习中的表现、出勤情况、对测量知识的掌握程度、实际作业技术的熟练程度、分析问题和解决问题的能力、完成任务的质量、所交成果资料以及对仪器工具的爱护情况、企业学习报告的编写水平等。

(2)考核形式与成绩评定按《土木工程企业学习》中的基本考核模式执行。

3.3 "工程造价"实习模块

3.3.1 学习目的与任务

(1)将理论课程所学内容融会贯通,并实现理论与解决实际问题相结合。

(2)加强学生的工程意识,掌握建筑材料、建筑识图与构造、建筑技术经济、建设法规、工程施工、工程招投标与合同管理、工程项目管理等多学科交叉综合的工程造价知识。

(3)增强相应实践技能以及较强的实际工作能力。了解工程量清单、招标控制价、投标报价、工程价款结算等工程造价文件的编制及全过程造价管理。

(4)熟悉本专业领域技术标准,相关行业的政策、法律和法规。

(5)具有综合运用所学的科学理论方法和技术手段去分析并解决工程实际问题的能力,能够参与实际工程造价文件的编制,并具有计算工程变更、工程洽商和索赔费用的能力。

(6)培养交流沟通、环境适应和团队合作的能力。

3.3.2 学习基本要求

(1)现场学习从工程前期投标决策,中标后合同签约,到工程实施项目管理中所需的人工费、材料费、施工机械使用费和企业管理费与利润,以及一定范围内的风险费用构成。

(2)现场学习为完成工程项目施工,发生于该工程施工准备和施工过程中的技术、生活、安全、环境保护等方面的非工程实体项目费用构成。

（3）现场学习合同签订时尚未确定或者不可预见的所需材料、设备、服务的采购，施工中可能发生的工程变更，合同约定调整因素出现时的工程价款调整以及发生的索赔、现场签证确认等费用。

3.3.3 学习内容

（1）工程建设准备阶段：结合工程实际熟悉工程前期投标决策，建筑材料、建设工程设计文件、招标文件及其补充通知、答疑纪要、工程特点、计价等信息；了解工程量清单、招标控制价、投标报价。

（2）工程建设实施阶段：结合工程实际了解工程实施项目管理中所需的人工费、材料费、施工机械使用费和企业管理费与利润，以及一定范围内的风险费用控制；施工过程中的技术、生活、安全、环境保护等方面的非工程实体项目费用安排。

（3）工程竣工验收与保修阶段：结合工程实际熟悉完成建设工程设计和合同约定的各项内容；追加（减）的工程价款；双方确认的索赔、现场签证事项及价款。

根据所在企业学习单位的工程进度，完成以上三个阶段中的1～2个阶段的工作内容。

3.3.4 学习成果要求

（1）了解建设工程工程量清单计价规范；国家或省级、行业建设主管部门颁发的计价依据和办法。

（2）熟悉建设工程设计文件，与建设工程项目有关的标准、规范、技术资料。

（3）了解根据企业的施工技术和管理水平而编制的人工、材料和施工机械台班等的消耗标准。

（4）熟悉招标文件及其补充通知、答疑纪要；了解施工现场情况、工程特点和常规施工方案。

（5）了解建筑材料、计价等信息；了解材料暂估价，了解工程暂列金额等。

（6）熟悉项目编码、项目名称、项目特征、计量单位、工程量计算规则；熟悉综合单价的组成。

（7）熟悉分部分项工程量清单、措施项目清单、其他项目清单、规费项目清单、税金项目清单组成。

（8）了解工程量清单、招标控制价、投标报价、工程价款结算等工程造价文件编制的要求。

（9）熟悉计价软件的运用。

3.3.5 考核方式

（1）提交以下内容之一作为企业学习报告内容：

① 类似工程的可行性研究投资估算分析、主要材料价格信息。

② 类似工程的招标工程中的分部分项工程量清单、措施项目、其他项目、规费项目和税金项目的名称和相应数量等明细清单。

③ 类似工程的部分土建、装饰、安装工程商务标等。

④ 工程施工过程中工程计量与工程价款的支付、索赔与现场签证、工程价款的调整和工程计价争议等活动的处理。

(2)考核形式与成绩评定按“土木工程企业学习”中的基本考核模式执行。

3.4 “施工技术”实习模块

3.4.1 学习目的

土木工程施工技术与组织管理企业学习是土木工程专业一个重要的教学环节,目的在于帮助学生从感性上进一步提高对本专业的思想认识,获得施工技术方面的生产实际知识,巩固和深化所学的理论知识,培养其运用所学理论知识解决生产实际问题的能力与创新能力。

3.4.2 学习基本要求

(1)通过对施工企业生产过程的参观,扩大学生对本专业的感性知识。

(2)通过深入施工现场进行企业学习,学习施工生产技术等方面的知识,加强理论知识与实践经验相结合,巩固和深化所学的理论知识。

3.4.3 学习内容

主要以结合专业并通过生产实践来达到企业学习目的。企业学习地点宜选在施工与管理企业的中型工业建筑工地,中高层民用建筑工地,规模较大的道路、桥梁施工工地以及规模较大的典型已建道路、桥梁工程,且应选择工程任务比较饱满的施工现场进行,并且每个施工现场安排的学生人数不宜多于 10 人。企业学习期间,学生一定要参加相关的生产业务活动和施工技术管理工作,并应有一定的时间参加班组生产劳动。

1. 参观

参观一些有代表性的大中型建筑、道路、桥梁,加深感性认识,邀请部分专家做关于土木工程结构设计与施工方面的新动态报告,开阔学生视野,丰富知识面。

根据具体情况,学生可参加建筑施工技术现场专业生产技术工作(在施工现场技术人员、工程师指导下完成),主要有以下几个方面。

(1)基础施工(含浅基础、深基础施工);

(2)桥梁墩、台施工;

(3)路基、路面结构施工;

(4)混凝土及预应力混凝土结构施工;

(5)砌筑、装饰及防水施工;

(6)道路防护工程施工;

(7)桥面铺装、伸缩缝安装施工;

(8)钢结构制造、安装施工。

2. 专题调查研究

根据实际情况,可在教师的指导下对新工艺、新技术、新材料进行专题调查研究。

3.4.4 学习成果要求

学生在企业学习中每天必须记录企业学习日志，日志应根据各人的企业学习内容，用文字、插图、表格记述，对参观，专题报告，现场教学内容，某些新技术、新结构、新材料专题调查及在企业学习中的收获体会等应写在日志中。在学习结束时，每个学生必须写出总结报告，报告内容主要写企业学习过程中的业务收获体会或专题总结，报告用文字插图表达，力求简明扼要和具有科学性、系统性。

3.4.5 考核方式

(1)指导教师对学生的日志、报告中解决实际问题的能力，企业学习表现，劳动态度，遵守纪律等情况进行考查评分，学生成绩报院、学校归档。

(2)考核形式与成绩评定按“土木工程企业学习”中的基本考核模式执行。

3.5 “施工组织设计”实习模块

3.5.1 学习目的与任务

土木工程施工组织企业学习是土木工程专业的一个重要的实践环节，是在建筑施工技术、施工组织设计课程学完之后，对施工组织和管理技术知识的综合应用，目的在于进一步培养学生对本专业的思想认识，获得施工管理及施工技术方面的生产实际知识，巩固和深化所学的理论知识，培养运用所学理论知识解决生产实际问题的工程能力与创新能力，以及结合实际工程选择施工方案，组织和开展施工活动的能力。

其主要任务包括以下内容。

(1)结合具体工程实例训练学生分析、解决工程问题的能力。

(2)能够进行施工方案的比选、危险性较大分部分项工程的安全计算以及安全施工方案的编制。

(3)能够进行分部分项工程网络进度计划和横道图的编制、实际进度与计划进度的比较分析。

(4)能够进行分部分项工程资源需求量计划的编制。

(5)能够进行单位工程施工平面图的布置。

(6)掌握施工组织设计相关软件的操作方法和应用。

3.5.2 学习基本要求

(1)学生通过对施工及组织管理企业生产过程的参观，扩大对本专业的感性认识。

(2)学生通过深入施工现场企业学习，学习生产技术和施工组织管理等方面的知识，加强理论知识与实践经验相结合，巩固和深化所学的理论知识。

(3)学生参加专业生产与管理活动，向施工、技术人员学习并实践运用生产技术、组织管理方法。

3.5.3 学习内容

学生参加的土木工程施工组织企业的企业学习主要内容包括参观、听讲座以及在施工现场的工程技术人员的直接指导下参与生产活动。

(1)参观一些有代表性的大中型建筑、道路、桥梁,加深感性认识,邀请部分专家做关于土木工程结构设计与施工方面的新动态报告,开阔学生视野,丰富知识面。

(2)根据施工企业的具体情况,学生可参加各专业企业学习,在施工工地参加一部分生产技术、生产管理工作(在施工现场技术人员、工程师指导下完成)。

(3)在教师指导下学生跟班顶岗,参加施工现场的技术和组织管理工作,学习施工现场的组织和管理知识或工程监理知识,参加一系列的施工或监理活动。

根据具体情况,学生可参加各专业企业学习,主要有以下几个方面。

1. 基础工程

(1)浅基础工程

对于浅基础工程,学生通过企业学习应掌握常见浅基础的类型和构造要求、施工要点,在顶岗管理中能实践相关的技术交底和检查验收工作。

浅基础工程企业学习的主要内容:

① 做好浅基础工程施工前的准备工作。

② 做好浅基础工程的技术交底工作。

③ 做好基坑、基槽及相应基础的放线工作。

④ 对各种材料的进场进行检查、验收工作。

⑤ 正确组织浅基础工程施工的土方开挖方、降水工作。

⑥ 及时做好地基验槽和隐检工作。

⑦ 按浅基础的施工工艺、施工要点和构造要求,组织各类浅基础的施工,并解决施工中的相关问题。

⑧ 及时做好浅基础工程的质量检查评定工作。

⑨ 及时组织浅基础工程的验收工作。

(2)桩基础工程

对于桩基础工程,学生通过企业学习应掌握各类桩基础工程的施工特点,能合理地组织相关的施工工作,根据不同的施工工艺进行相关的技术交底,对相关的桩基础工作能进行检查、验收、质量评定。

桩基础工程企业学习的内容:

① 做好识读桩基础施工图工作,并提出相应的问题。

② 做好基础工程施工的技术交底工作。

③ 组织做好桩基础工程施工前的准备工作。

④ 按桩基础的施工工艺、施工要点,组织各类桩基础的施工,并解决施工中的相关问题。

⑤ 解决一些桩基础施工中常见的问题和难题。

⑥ 组织桩基工程的质量验收、隐检和质量评定工作。

⑦ 及时减少因桩基础施工对周围建(构)筑物带来的危害。

(3)基坑工程

基坑工程主要包括基坑支护体系施工与土方开挖，是一项综合性很强的系统工程。对于基坑工程，通过企业学习应掌握常见基坑支护结构形式，根据不同的支护形式，对工人进行技术交底，组织合理的施工，确保基础工程顺利进行。

基坑工程企业学习的内容：

① 组织技术人员到施工场地了解地基土水文地质情况。

② 按各种支护结构的施工方法、施工要点及各种支护结构的适用范围，合理地组织支护结构的施工。

③ 组织做好简单的支护结构的强度和稳定性验算问题。

④ 组织解决支护结构强度和稳定性被破坏问题。

⑤ 组织做好土方开挖和相应的降水工作。

⑥ 组织做好合理选用开挖机械工作。

⑦ 做好基坑工程的检查、验收和质量评定工作。

2. 主体工程

(1)常见主体结构工程施工顺序

① 多层砖混结构体系

主体结构施工阶段的工作内容较多，有搭设脚手架，砌筑墙体及浇筑圈梁、楼梯、阳台、楼板、梁、构造柱、雨篷等施工过程。

其一层施工顺序一般可归纳为立构造柱钢筋→砌筑墙体→支构造柱模＋浇构造柱混凝土→支梁、板、梯模→绑扎梁、板、梯钢筋→浇梁、板、梯混凝土，再逐层重复。

② 多层、高层全现浇钢筋混凝土框架或框架剪力墙结构体系

主体结构的施工主要包括柱、梁、楼板、剪力墙的施工及填充墙施工。

其一层施工顺序一般可以归纳为绑扎柱、剪力墙钢筋→支柱、剪力墙模板→浇柱、剪力墙混凝土→支梁、板、梯模板→绑扎梁、板钢筋→浇梁板混凝土，再逐层重复。

(2)施工段的划分

施工段是组织流水施工时，拟建工程在平面上划分的若干个劳动量大致相等的施工区段。

在划分施工段时，应遵循以下原则：

① 主要专业工种在各个施工段上所消耗的劳动量大致相等，相差幅度不宜超过15％。

② 每个段应满足专业工种对工作面的要求。

③ 施工段数目应根据各工序在施工过程中工艺周期的长短来确定，能满足连续作业、不出现停歇的合理流水施工要求。

④ 施工段分界限应尽可能与工程的自然界限相吻合，如伸缩缝、沉降缝或单元等。如必须在墙体中间分界时，应将其设在门窗洞口处，以减少留槎。

⑤ 多层、高层的竖向分段一般与结构层一致。

⑥ 划分施工段时应考虑垂直运输机械的能力，如采用塔吊，应考虑每台班的吊次，充分发挥塔吊效率。

(3)砌筑工程

对于砌筑工程，学生通过企业学习应掌握砌体工程的施工准备工作内容、砌筑方法及

砌体的验收内容。学生在顶岗管理中能组织工人完成砌筑工程相关准备工作，对工人进行砌筑工程的技术支持，参与砌筑过程及完工后的检查验收工作。

砌筑工程企业学习的内容：

① 做好砌筑工程施工前的准备工作。

② 利用砌体工程的各种砌筑方法进行施工。

③ 进行砌体工程中皮数杆的制作、施工工作。

④ 对班组进行技术交底工作。

⑤ 对砌体工程进行检查、验收及质量评定工作。

⑥ 解决好与各工种的相互配合的问题。

(4)模板工程

对于模板工程，学生通过企业学习，应能正确选择模板的形式、材料及合理组织施工，在顶岗管理中能合理地进行模板的配板设计，相关的技术交底、技术复核工作，确保其质量、安全和经济的同时便于施工。

模板工程企业学习的内容：

① 根据不同的截面进行配板设计工作。

② 组织做好支设楼板脚手架的方法及标高的确定。

③ 做好模板的支设和拆除工作。

④ 对模板工程的质量进行检查、验收及评定工作。

⑤ 认真做好模板工程的技术交底工作。

(5)钢筋工程

对于钢筋工程，学生通过企业学习应掌握钢筋的加工过程和方法及钢筋下料的计算方法，在顶岗企业学习中能进行钢筋的进场验收和保管工作，完成钢筋翻样工作和技术交底工作，能组织钢筋的检查验收工作和隐检工作。

钢筋工程企业学习的内容：

① 对钢筋(材)进行出厂质量证明书和试验报告的编写或化学成分的检验。

② 做好钢筋冷加工工作，选择所需的设备。

③ 组织做好各种钢筋连接工作，采取相应的技术措施。

④ 做好钢筋下料长度的计算及运用钢筋代换技术。

⑤ 做好钢筋加工、绑扎与安装工作。

⑥ 组织做好钢筋工程的技术交底工作。

⑦ 组织对钢筋工程的检查验收及质量评定工作。

(6)混凝土工程

对于混凝土工程，学生通过企业学习应掌握混凝土的制备、运输、浇筑、养护、拆模各工序的要点和技术要求，在企业学习中为确保混凝土浇筑的质量，能进行施工配合比的核算，混凝土浇筑方案的组织、安排、设计和相关技术的交底工作。

混凝土工程企业学习的内容：

① 做好混凝土的配料工作，计算混凝土试配强度。

② 组织做好混凝土拌制、运输、浇筑的相关技术。

③ 做好厚大体积混凝土的浇筑工作，并采取相应的措施避免产生温度裂缝。

④ 做好混凝土浇筑前钢筋的隐检工作。

⑤ 做好混凝土工程的技术交底工作。

⑥ 留置相应的混凝土试块，为相应的工序和确定相应的强度服务。

⑦ 做好混凝土工程的质量检查、验收和质量评定工作。

⑧ 解决在混凝土浇筑过程中出现的相应问题。

3.5.4 学习成果要求

学生在每天的学习中必须记日志，日志应根据各人的学习内容，用文字、插图、表格记述。对参观、专题报告、现场教学内容、某些新技术、新结构、新材料专题调查及在学习中的收获体会等应写在企业学习日志中。在结束时，每个学生必须写出总结报告，报告内容主要写在学习中的业务收获体会或专题总结，报告用文字、插图表达，力求简明扼要和具备科学性、系统性。结束时依据企业学习期间的表现（工作态度、出勤情况、遵守纪律情况）、日志、报告质量及所收集资料情况来评定企业学习成绩。

1. 企业学习日志

企业学习日志是学生对企业学习过程的记载，是评定学生成绩的依据之一。对企业学习日志的要求是：

（1）企业学习期间当天晚上写好，不得事后补记，更不得抄袭其他同学的日志。

（2）记录所在工地的工程概况、施工技术、组织管理等方面的情况。

（3）记录当天企业学习的内容和所完成的工作，企业学习工作的操作要领和质量要求，以及企业学习后的体会和收获等。

（4）必要的内容可采用图示，施工质量等应对照有关规范，日志应字迹工整、文字简练、条目分明、图表清楚，不能记成流水账。

（5）日志中可摘抄现场有关的技术资料，但不得抄袭施工技术人员的施工日志。

2. 总结报告

总结报告是学生学习结束后进行的总结，反映其学习过程中掌握的实践知识广度和深度及处理实际问题的工程能力和创新能力，也是评定成绩的依据之一，具体要求如下：

（1）对工作态度、遵守纪律、安全生产等方面进行评价总结。

（2）全面反映学习的全过程，对期间所承担的工作任务、完成任务情况进行总结。

（3）反映企业学习的体会和收获，对生产企业学习中发现的问题的思考与处理等。

（4）独立完成总结报告，要全面详细，书写工整，文理通顺。报告要求 8000 字以上。

3.5.5 考核方式

（1）提交以下内容之一的企业学习报告一份：

① 危险性较大分部分项工程安全施工方案及安全计算；

② 重要分部分项工程施工组织设计一份；

③ 单位工程技术标一份。

（2）考核形式与成绩评定按“土木工程企业学习”中基本考核模式执行。

4 企业学习指导书

本章要点：本章首先介绍了企业学习的目标和任务，让学生理解实习环节的目标及具体任务要求；其次，规定了测量、造价、施工技术及施工组织设计等方面的学习内容及要求；再次，明确了学校教学单位、指导教师和企业指导教师的基本职责；最后，介绍了实习流程、考核方式和学习计划安排。

企业学习主要是面向卓越工程师计划，按照国家对工程实践教育中心的建设、管理及发展要求，遵循“行业指导、校企合作、分类实施、形式多样”的原则，实现“四个联合”（校企联合制订工程实践教学目标、联合制订工程实践教学方案、联合组织实施工程实践教学过程和联合评价工程实践教学质量），培养造就创新能力强、适应经济社会发展需要的高质量土木类工程技术人才。

4.1 企业学习的目标与任务

土木工程专业是以理论力学、材料力学、结构力学、土力学、建筑材料、混凝土结构设计原理、钢结构设计、房屋建筑学、高层建筑结构设计、道路勘测设计、路基路面工程、桥梁工程、桥梁预应力技术等课程为基础的实践性很强的应用学科，其学习与能力的培养与工程实践密切联系。土木工程专业企业学习，要求学生深入实践，了解土木工程项目管理的程序与方法，掌握土木工程的施工技术与工艺，培养工程意识、创新意识、团队意识与组织管理技能，同时培养学生独立开展工程实践活动的能力，是土木工程师培养过程中的重要实践环节。

4.1.1 企业学习的目标

(1)将所学的理论知识、专业知识融会贯通，学习理论与实践相联系的方法与途径。

(2)加强学生工程意识，掌握力学、材料、管理、计算机、信息等多学科交叉综合的工程项目管理知识。

(3)增强相应实践技能以及实际工作能力。掌握土木工程结构中各构件的构造，关键部位的施工工艺、施工技术、施工组织方案的编制，施工质量控制要点，相关材料试验和配比技术以及工程质量的验收标准等。

(4)掌握土木工程项目策划与风险分析及项目管理方法，掌握招投标的编制方法，熟悉相应流程，掌握施工全过程相关资料的编制及管理。

(5)学习在工程实践中解决工程技术、质量、安全等问题的程序和方法。

(6)了解国内外土木工程的技术水平和发展趋势。

(7)培养团队合作精神，增强参与项目管理、协调与沟通的能力，提高现场施工技术水平。

4.1.2 企业学习的任务

(1)掌握现场实践项目的策划与管理方法，进行项目策划、识别项目技术难点、进行项目风险分析。

(2)结合工程项目建立项目团队并定期进行内部、外部沟通。

(3)编制工程项目施工技术方案及施工组织设计。

(4)进行现场实践原材料检测、混凝土配合比设计、施工放样、结构物的施工与验收、施工过程检测与数据分析、工程质量问题处理等。

(5)编制并管理施工全过程中的各种资料。

(6)现场实践土木工程施工质量、工程进度、工程费用的控制技术及合同、安全、环境管理的方法。

(7)学习工程项目各个层次的验收要求、内容及组织安排。

4.2 企业学习的内容与要求

4.2.1 企业学习的内容

(1)工程测量：掌握常规测量仪器的使用方法；现场实践工程测量、施工放样、变形观测等。

(2)工程概预算：主要了解土木工程概预算费用的组成及包含的项目，掌握费用的计算方法及计算程序，编制项目概预算文件。

(3)施工组织设计：确定施工方案(施工方法的确定、施工机械的选择和施工顺序的安排等)，编制施工进度计划(施工进度横道图和时标网络图)，设计施工平面图(施工总平面图和单项工程、分部分项工程施工平面图)。

(4)施工技术与方法：混凝土、钢筋、土石方等的施工；基础的施工工艺与方法；结构物的各种施工方法和技术(如支架法、悬浇法、悬拼法、转体施工法等)；支座、伸缩缝、排水、防护工程及其他附属结构的施工和安装工艺。

(5)质量控制及管理：掌握每道施工工序的质量控制要点、控制方法和控制标准。

(6)编制管理施工资料：主要了解各个层次的验收要求及内容，编制并管理相应资料。

质量控制及管理、编制管理施工资料应穿插于施工技术与方法的企业学习的全过程。

4.2.2 企业学习的要求

通过在施工企业工程师岗位的现场顶岗实训，培养创新能力强、适应我国经济社会发展的土木工程应用型工程技术人才。注重学习项目管理及施工技术方面的基本知识，加强理论知识与实践经验相结合，巩固和深化所学的理论知识，提高自身专业素养及分析解决实际问题的能力。其基本要求如下：

(1)参与工程项目管理,掌握项目策划方法,掌握团队建设与沟通方式。

(2)熟悉工程建设项目的前期准备工作以及招标、投标过程。

(3)掌握工程项目施工阶段各环节的原理、方法。

(4)熟悉各种施工机械设备的工作原理、工作参数和适用范围。

(5)掌握设备调试和仪器标定的内容和要求。

(6)掌握工程项目各个层次的验收要求、内容及组织。

(7)掌握安全、进度、环境等的管理方法。

通过工程实践学习,学生还应具有较好的人文科学素养,较强的社会责任感,良好的工程职业道德,良好的质量、环境、安全和服务意识,吃苦耐劳的敬业精神,以及具有一定的国际视野和跨文化环境下的交流、竞争与合作的能力。

4.3 企业学习的组织

本节参考了合肥工业大学土木工程专业《企业学习管理办法》的部分内容。

4.3.1 组织机构

企业学习工作由学校、企业共同管理。为了保障专业培养目标和毕业要求的达成,需要建立严密的组织体系来保证企业学习各参与单位和人员参与实习全过程。

学院成立由教学办、学工办、各系等有关人员组成的企业实习工作组,各系分别成立相应的企业实习工作小组,负责企业实习工作的管理、指导工作,确保企业实习工作的顺利进行。企业成立企业实习指导工作组,与学院企业实习工作组联合制订并落实具体企业实习教学计划;组织企业兼职教师指导学生实习;协调学生实习单位,在条件允许的情况下,协调落实学生参与企业技术创新和工程开发等工作。

4.3.2 职能分工

企业学习应以在校的"双师"型教师为主,同各类工程设计院、施工单位等优秀企业建立校企联合培养体,采用双导师团队制度,对于每个项目组,学校和企业分别配备工程实践经验丰富的校内、校外指导教师进行现场技术指导。依据行业对专业人才培养的要求,充分利用学校、企业的优势和资源,建立健全学生企业学习期间的医疗保险等保障措施。

1. 学校实践教育管理部的基本职责

学校实习工作小组负责实践教育培养方案的制订;负责各批次学生企业学习计划的制订;负责落实指导教师的选定;负责学生企业学习工作任务的布置;负责学生的日常跟踪管理;与企业协调落实企业人员担任学生企业学习期间的指导教师相关事项,落实岗前培训工作;与各项目现场保持协调沟通;组织教师与企业实习工作小组及企业指导教师对学生进行综合考核及成绩评定;负责各批次学生企业学习的工作总结及档案资料的归档管理。其基本职责:

(1)确定学校实习工作小组和企业实习工作小组的人员及岗位职责。

(2)审定企业学习教学计划,布置各部门工作。

(3)组织学生进行企业学习岗前培训、安全教育工作，召集学校教学单位、企业培训部落实实习单位、指导教师等事项。

(4)安排指导教师给学生布置企业实习的具体任务。

(5)根据学校参加企业学习的学生人数和企业学习教学大纲的要求，负责协调安排各项目现场的企业兼职指导教师。

(6)落实学生到各企业的有关后勤保障工作，为参加企业学习的学生购买保险。

(7)落实教师到各企业项目现场指导的相关经费的发放工作，为参加企业学习的指导教师购买相应的保险。

(8)在企业学习期间定期组织召开会议，研究企业学习过程中出现的问题并协调解决。

(9)企业学习结束后，召集学校和企业实习工作小组，布置对学生企业学习的综合考核及成绩评定任务。

2. 校内指导教师的基本职责

(1)因材施教，教书育人，关心、爱护学生，尊重学生人格，维护学生的合法权益。在指导企业学习的教学环节中，认真对学生进行思想品德、安全、工程实践能力、团队协作等方面的素质教育。

(2)积极主动与对口的企业指导教师沟通，配合企业协调落实企业学习教学的各项工作，做好企业学习教学的各项准备工作，负责与企业兼职指导教师共同制订每个学生的企业学习任务和计划。

(3)全面掌握企业学习教学计划中的工作目标和内容要求，严格执行教学计划，认真完成企业学习规定的课堂及实践教学指导工作。及时准确地了解所负责学生的企业学习状态，及时解答学生在企业学习中遇到的疑难问题。

(4)主动与企业指导教师联系，了解学生在企业学习中的表现情况。及时查看学生定期的企业学习工作小结，并根据学生企业学习情况进行点评和指导。

(5)根据学生在企业学习的表现情况、企业考核意见、学生企业学习总结报告完成情况等，对学生进行企业学习成绩的综合评定。

(6)做好企业学习的教学资料归档工作。

3. 校外指导教师的基本职责

(1)因材施教，教书育人，关心、爱护学生，尊重学生人格，维护学生的合法权益。在指导企业学习的教学环节中，培养学生理论联系实际的作风，认真对学生进行思想品德、爱岗敬业、安全、工程实践能力、团队协作等方面的素质教育。

(2)熟悉企业学习教学的目标要求，按照教学计划、教学大纲和实习安排，做好企业学习教学的各项准备工作。

(3)对所指导的学生做好安全知识、企业规章、各项实习工作规程教育，带领学生熟悉工作环境，对于拒不改正的学生有权停止其实习。

(4)与学校指导教师沟通协作，认真指导学生学习了解各种工程实践，及时解决学生的疑问，指导学生撰写企业学习阶段小结，及时阅评学生各阶段企业学习小结。

(5)客观地对所指导学生在企业学习中的表现情况、学生企业学习总结报告完成情况等做出评价，对学生进行企业学习成绩的综合评定。

(6)阶段指导任务结束后，及时完成工作总结报告，注重总结企业学习教学存在的具体问题，积极提出改进、改革和创新措施。

4.3.3 实施流程

(1)按照企业学习教学计划要求，根据企业提供的接受学生实习的情况，学生提出实习申请，学校企业实习工作小组确定每位学生的实习单位。

(2)学生签订实习纪律及安全承诺书。

(3)指导教师向学生布置企业学习的具体任务。

(4)参加企业实习工作小组组织的企业学习岗前培训及企业培训。

(5)学生在学校及企业指导教师的指导下，开展工程实践活动。根据安排，必要时进行轮岗工程实践。

(6)企业学习期间，按要求提交阶段企业学习小结以及计划安排的各项专业考核成果。

(7)企业学习结束后，按时提交企业学习总结报告以及计划安排的各项专业考核成果，并参加专业汇报和答辩。

4.3.4 过程管理

(1)学生进行企业学习的单位原则上由学校统一联系安排，如果学生自主联系实习单位，须由本人在学校办理相关申请手续。

(2)各系应根据专业人才培养方案的要求，选择与专业相关的实习企业，做到专业与岗位对口、相关，明确双方的责任、权利和义务，以保障实习企业的利益和实习学生的合法权益。在企业学习开始前向学生公布已落实的企业学习单位，组织学生选择实习企业。

(3)企业学习单位应具备以下条件：实习劳动条件和环境必须符合国家有关法律法规，不影响实习学生的安全及身心健康；不得安排学生从事高空、井下、放射性、高毒、易燃易爆和其他具有安全隐患的岗位工作；原则上学生每天实习时间不得超过 8 小时；免费给实习学生提供食宿及学习场所。

(4)各系选派专业课教师为企业学习校内指导教师，聘请企事业单位的技术人员为企业学习兼职指导教师，并在企业学习前确定指导教师名单。

(5)企业学习由学生本人提出申请，填写《企业学习申请表》，报系企业学习工作小组审批，系企业学习工作小组填写《企业学习安排表》上报学校教务处。

(6)校内指导教师应根据专业培养目标及企业学习大纲要求，与实习单位共同商定学生的实习岗位、实习内容、考核目标等企业学习实施计划，并填写《企业学习任务书》。

(7)各系应对企业学习实施计划和《企业学习任务书》进行认真审核，审定后发放到参加企业学习的学生手中，使学生明确企业学习的主要内容和基本要求。

(8)各系应在学生开始进行企业学习前，组织开展企业学习动员会，布置落实企业学习各项工作。

(9)学生离校前须认真学习企业学习的有关规定，了解企业学习的任务，并签订《企业学习承诺书》。

(10)学生按规定时间到实习单位进行企业学习,无正当理由不得擅自离开实习单位。未经所在院系及实习单位同意擅离岗位者,企业学习考核按不合格处理。若由于实习单位单方面原因,必须上报校内指导教师和所在系,由指导教师与实习单位联系证实后,方可办理相关的离岗手续,并调换到新的实习单位,不允许先离岗后报告。

(11)学生到岗两天内必须报告校内企业学习指导教师,一周内将实习的作息时间安排告知指导老师,以便指导教师抽查指导;并可通过电话、网络等多种方式,每周至少与指导教师保持一次工作联系。

(12)学生企业学习期间,按要求写好《企业学习日志》。临近企业学习结束时,按要求写好《企业学习报告》,要求实习单位和实习单位指导教师填写《企业学习考核表》和《企业学习任务书》中相应栏目的内容,带回给校内企业学习指导教师,并完成其他企业学习任务。

(13)校内指导教师应根据各自的工作职责,加强对学生进行企业学习指导、就业指导和继续深造等方面的指导。协助实习单位指导教师对学生进行业务指导和日常管理等方面的指导,通过现场指导、网络及电话等联系方式,每周与学生联系不少于两次,督促学生完成《企业学习指导书》要求的各项任务,掌握学生的思想和工作动态,帮助学生解决遇到的问题,并认真填写《企业学习检查情况表》,指导学生撰写《企业学习报告》并做好检查与批改。

(14)学生企业学习结束时,实习单位及实习单位指导教师应对学生企业学习的表现情况进行考核,考核的重点是学生实践操作能力和职业素养,内容包括学生的工作态度、职业素养、协作能力、专业技能、创新意识等方面,并填写《企业学习检查情况表》和《企业学习任务书》中的相应栏目,实习单位指导教师签字确认并加盖单位公章后交给校内企业学习指导教师。

(15)学生的企业学习可以在不同单位或同一单位不同岗位进行,学生每更换一个单位或岗位,应填写一张《企业学习考核表》。

(16)校内企业学习指导教师应在企业学习结束后,做好学生企业学习考核工作,填写学生《企业学习考核表》中的相关内容;将学生企业学习材料汇总到所在系存档,材料包括企业学习申请表、企业学习承诺书、企业学习任务书、企业学习检查情况表、企业学习考核表、企业学习报告、企业学习日志等。

(17)各系应在企业学习结束时,组织开展企业学习成绩评定和总结工作,建立档案,并向教务处上报相关企业学习备案材料。

4.3.5 考核方式

考核主要分校外考核和校内考核两部分。校外考核由学校和实习企业单位共同进行,主要是对学生在企业学习中的日常表现、学生企业学习各阶段报告完成情况等的考核。校内考核主要以理论考试、各阶段专业设计成果、专业汇报和答辩为主,同时增加对学生创新能力和创新成果的考核。

考核内容包括工作态度、创新能力、团队协作精神、实际操作能力、专业实践成果等几个方面。

考核方式包括专业实践成果的数量统计、书面总结(设计或论文等)材料及质量评定、专业汇报和答辩、综合能力和素质的评价等。

考核内容权值:工作态度(校内外共同考核)(0.1)、创新能力(校内外共同考核)

(0.15)、团队协作精神(校内外共同考核)(0.1)、实际操作能力(企业考核)(0.3)、专业实践成果(校内考核)(0.35)。具体比例可由各高校根据专业自身培养特点自主设置。

考核等级:根据加权平均分将校内外综合考核结果分成5个等级:优秀(90分以上)、良好(80～89分)、中等(70～79分)、及格(60～69分)、不及格(60分以下)。

4.4 企业学习的安全教育

土木工程一般均为大型、复杂的工程,露天作业条件受地形、地质、气候等环境因素的影响较大,很多项目高空作业、地下作业、水下作业亦较多,城市建设施工场地窄小带来多工种作业的立体交叉性,施工工艺复杂多样,施工队伍流动性大、素质参差不齐,手工操作多,体力消耗大、强度高,造成劳动保护的艰巨性以及施工安全管理的复杂性。我国安全生产方针经历了一个从"安全生产""安全第一、预防为主"到"安全生产、预防为主、综合治理"的产生和发展过程。"安全第一"是原则和目标,就是在生产过程中把安全放在第一重要的位置上,切实保护劳动者的生命安全和身体健康。体现以人为本的科学发展观。"预防为主"是手段和基本途径,就是要把安全生产工作的关口前移,超前防范,建立预教、预测、预警、预报、预防的事故隐患预防体系,改善安全状况,预防安全事故。"综合治理"是指为适应我国安全生产形势的要求,要自觉遵循安全生产规律,综合运用经济、法律、行政等手段,人管、法治、技防、舆论监督等多管齐下,有效解决安全生产领域的问题。有关安全生产的内容很多,包括安全生产技术、安全生产相关法律法规、安全生产管理知识,对于即将走上土木工程实践岗位的未来工程师在企业学习阶段要接受最基本的安全教育,了解企业安全生产制度,掌握安全生产基本常识和安全生产的主要规定,认识工程建设中的主要危险源,以确保企业学习环节的安全实施。

4.4.1 安全内容教育

现场学习期间,应始终把安全摆在第一位。在进入工地前,必须接受安全教育。现场学习过程应树立自我保护和安全防范意识,自觉遵守操作规程,确保现场学习期间不发生人身、设备事故。

1. 认识安全标识

(1)红色禁止标志:红色代表危险、禁止、紧急停止,用于禁止标志、停止信号以及禁止触动的部位,基本形式是带斜杠的圆边框。常见的有16种[禁止吸烟、禁止烟火、禁止明火作业、禁止通行、禁止跨越、禁止攀登、禁止入内、禁止停留、禁止合闸、禁止转动、禁止抛物、禁止戴手套、禁止乘人(吊篮)、禁止放易燃物、禁止单扣吊装、禁止酒后上岗]。

(2)黄色警告标志:黄色表示警告,提醒对周围环境引起注意,基本形式是三角形边框。常见的有14种(注意安全、当心火灾、当心机械伤人、当心塌方、当心坑洞、当心伤手、当心坠落、当心落物、当心落石、事故易发路段、当心扎脚、当心滑坡、当心触电、当心电缆)。

(3)蓝色指令标志:蓝色表示强制做出某种动作或采用防范措施,基本形式是圆形边框。常见的有7种(必须戴安全帽、必须穿防护鞋、必须系安全带、必须戴防护眼镜、必须戴防护手套、必须戴防护面罩、必须戴防毒面具)(图4-1)。

(a)

(b)

图 4－1　蓝色指令标志

(4)绿色指示标志:绿色有通行、安全和提供某种信息的含义,绿色指示标志的基本形式是正方形或长方形边框。常见的有 2 种(紧急出口、可动火区)(图 4－2)。

(a)

(b)

图 4－2　绿色指示标志

2. 正确使用劳动防护用品

了解和正确使用劳动防护用品,是减少和避免人员在作业中发生事故的重要手段。为了保护身体安全,工作人员必须穿戴好劳动防护用品。

(1)安全帽:进入工地时必须正确佩戴安全帽,并系紧下颌带;女工的发辫一定要盘在帽内。

(2)安全带:在从事高处作业时,必须正确系好安全带,并挂好带扣,确保安全。安全带必须高挂低用,挂在牢固可靠的部位。

(3)工作服:在开展作业时一定要穿上符合要求的工作服,特殊作业还要满足“三紧”(袖口紧、下摆紧、裤脚紧)的要求。

(4)防滑鞋:从事高处作业时,必须穿好防滑鞋。

(5)防护手套:在开展操作机具作业、用电作业时,必须戴好防护(绝缘)手套。

(6)防毒面具:当作业环境中存在有毒、有害气体时,必须正确佩戴好防毒面具。

(7)救生衣:进行水上作业时,必须按要求穿戴好救生衣。

3. 危险源识别

(1)高处坠落:人员从临边、洞口(包括屋面边、楼板边、阳台边、基坑边、预留洞口、电梯井口、楼梯口)等处坠落,从脚手架上坠落,龙门架和塔吊在安装、拆除过程坠落,安装、拆除模板时坠落,结构和设备在吊装时坠落。

(2)坍塌:现浇混凝土梁、板的模板支撑失稳倒塌,基坑边坡失稳引起土石方坍塌,拆除工程中的坍塌,在建工程围墙及屋面板因质量低劣坍落。

(3)物体打击:人员受到同一垂直作业面的交叉作业和通道口等处坠落物体的打击。

(4)触电：经过或靠近缺少防护的电气线路造成触电；搭设钢管架、绑扎钢筋或起重吊装中碰触电气线路造成触电；使用各类电器设备触电；电线破皮老化，又无开关箱防护。

(5)机械伤害：各类起重机械、混凝土机械、钢筋加工机械、木工机械、挖掘机械等造成的伤害。

(6)其他伤害：各种运输车辆容易造成车辆伤害，氧气、乙炔气瓶容易造成火灾爆炸，地面各种铁钉等容易造成扎伤等。

4.4.2 安全纪律教育

学生按照企业学习培养计划要求，在校内和校外指导教师的指导下，开展工程实践活动。在进入企业学习前，首先要参加岗前培训及企业培训，了解企业的安全管理制度，严格遵守以下劳动安全纪律。

1. 基本要求

(1)要自觉遵守安全生产制度，上岗、转岗前，必须参加安全培训。

(2)正确佩戴和使用劳动防护用品。

(3)非专业人员严禁擅自接电，违规用火，不熟悉作业区者禁入。

(4)特殊工种作业人员必须持证上岗。特殊工种作业人员是指垂直运输机械作业人员、安装拆卸工、爆破作业人员、起重信号工、登高架设作业人员、电工、焊工等。

(5)要认真参加施工作业班前会教育，在作业中听从现场专人的指挥，服从正确管理、遵守安全规程、不违章作业。

(6)严禁高空抛物，稳妥安放机电、机具和使用工具等。

(7)遵守驻地及个人卫生制度，不食用过期、霉变和有毒食品。

(8)生病不作业，疲劳不作业，酒后不作业。

2. 现场规章制度和遵章守纪教育

(1)本工程施工特点及施工安全基本知识。

(2)本工程(包括施工生产现场)安全生产制度、规定及安全注意事项。

(3)工种的安全技术操作规程。

(4)高处作业、机械设备、电气安全基础知识。

(5)防火、防毒、防尘、防爆及紧急情况安全防范自救。

(6)防护用品发放标准及防护用品、用具使用的基本知识。

3. 本岗位安全操作及班组安全制度和纪律教育

(1)本班组作业特点及安全操作规程。

(2)班组安全活动制度及纪律。

(3)爱护和正确使用安全防护装置(设施)及个人劳动防护用品。

(4)本岗位易发生事故的不安全因素及其防范对策。

(5)本岗位的作业环境及使用的机械设备、工具的安全要求。

4.4.3 安全注意事项

学生按照企业学习岗位要求，在校内和校外指导教师的指导下，需严格遵守以下安全注意事项。

(1)进入施工现场,必须戴安全帽。

(2)严禁赤脚或穿高跟鞋、拖鞋进入施工现场,高空作业不得穿戴硬底鞋或带钉易滑鞋。

(3)不准乘坐龙门架、吊篮、施工电梯上下建筑物。

(4)注意在建工程的楼梯口、电梯口、预留洞口、通道口等各种临边有无防护措施,不得随意靠近。

(5)在阴雨天,要防雷电袭击,尽量不要接近金属设备和电器设备。

(6)施工现场机械、用电设备,未经许可不得随意操作。

(7)施工现场设有警戒标志地区,不得进入。

(8)不得随意跨越正在受力的缆绳。

(9)不得站在正在工作的吊车的工作范围内。

(10)在地上行走时,应注意上下左右是否有不安全的隐患,如地面的"朝天钉",顶棚和侧面突出的支架、钢筋头等。

(11)严禁动用本人职责以外的任何机械器具和工具。

(12)严禁攀爬、跨越施工现场防护围栏等设施,不准进入挂有"禁止出入"等危险警示标志的区域。

(13)严禁私自拆除、挪动现场安全保护装置和设施。

(14)存放或使用氧气瓶、乙炔瓶时,严禁靠近热源或易产生火花的电器设备。吊运氧气瓶、乙炔瓶必须使用装具,严禁使用钢绳、铁链直接捆绑或使用电磁吸盘等进行吊运。

(15)冬季施工时,冻结的氧气瓶和乙炔瓶的阀门、胶管等严禁用明火烧烤。

(16)电焊作业严禁在雨天、雪天、露天进行,作业前应正确穿戴防护用品,电焊机单设开关箱,作业完毕须给开关箱拉闸上锁,不得与各种管道线接触。

(17)严禁停留在钢筋加工作业区、预应力张拉区域。

(18)绑扎钢筋时,严禁站在钢筋骨架上,不得攀爬钢筋骨架。

(19)张拉时千斤顶的对面及后面严禁站人,作业人员应站在千斤顶的两侧。冷拉作业区的两端必须装设防护挡板。

(20)进行混凝土振捣作业的人员必须戴绝缘手套,穿绝缘鞋,以防止触电。

(21)水泥混凝土搅拌机遇有故障,应停机检修,必须封闭下料口,切断电源,专人值守,挂牌警示。

(22)吊装作业时,服从专人指挥,不准从正在起吊、运吊的物件下通过或逗留;严禁作业人员随同运料或构件一起运吊升降。

(23)高处作业时必须系好安全带,并认真检查安全带是否完好无损、是否可靠牢固。当高处作业的安全设施有缺陷或隐患时,必须及时处理。危及人身安全时必须立即停止作业。

(24)高处作业时要稳妥放置好零件及工具,防止其坠落伤人。

(25)高处作业时必须设置防护栏杆和防护网。

(26)易燃材料的堆放距离应远离施工区和生活区。

(27)爆破器材应由专人领取,未用完应及时归库,严禁将爆破器材私自存放或带入宿舍。

(28)进行爆破作业时应由专人指挥,应设置明显警戒区和警告标志。

(29)拆除施工严禁采取上下立体交叉作业的施工方法。水平作业时作业人员应有一定的安全距离。

(30)模板安装就位后,必须立即进行支撑和固定,支撑和固定未完成前,严禁升降或移动吊钩。

(31)脚手架应搭设牢固,作业面脚手板要满铺、绑牢,不得有探头板、飞跳板。

(32)遇有雷雨天气时,作业人员应远离拌合楼、塔式起重机、外用电梯等高大机械设备,以防雷电击伤。

(33)设有锅炉与取暖设备的地方,冬季应注意通风,防止煤气中毒。

(34)陆用电缆线要采用埋地或架空敷设,路径要设有方位标志,严禁沿地面明设电缆。水上和潮湿地带的电缆线,必须绝缘性能良好并具有防水功能。电缆线的接头必须进行防水处理。

(35)潮湿多雨季节必须定期检测机电设备的绝缘电阻和接地装置,不符合规定的设备必须停止使用。电器开关必须采取防雨措施。

(36)电气着火应立即切断电源,使用干砂、干粉灭火器等灭火,严禁用水灭火。

4.5 企业学习的计划安排与成绩评定

4.5.1 企业学习的计划安排

以合肥工业大学土木工程专业 2015 版和 2019 版教学大纲为例,具体计划安排见表 4-1和表 4-2 所列。企业学习内容包括土木工程企业学习和土木工程毕业设计。其中课程"土木工程企业学习——土木工程施工企业学习"即为本书的"企业实习"课程,其包括"工程测量企业学习""土木工程造价企业学习""土木工程施工技术企业学习"和"土木工程施工组织管理企业学习"。

表 4-1 企业学习计划安排(2015 版)

课程编号	企业学习课程名称	考核方式	周数	学分	学期								
					1	2	3	4	5	6	暑期	7	8
0710913B	土木工程企业学习——土木工程施工企业学习	校企	9	9								9	
0710933B	土木工程毕业设计	校内	12	12									12

注:1. 企业学习通常安排在第 6 学期结束后的暑期,为期 9 周,第 7 学期开学的第 1 周进行企业学习总结,对企业学习的成果进行检查、验收。

2. 建议学生企业学习在现场的实际时间按每周 5 个工作日考虑,即每位学生在企业学习的时间为 45 天,学生的企业学习日志要完成相应的工作内容和数量。

表 4-2　企业学习计划安排(2019 版)

课程编号	企业学习课程名称	考核方式	周数	学分	学期								
					1	2	3	4	5	6	暑期	7	8
0710913B	土木工程企业学习——土木工程施工企业学习	校企	6	6								6	
0710933B	土木工程毕业设计	校内	12	12									12

注:1. 企业学习通常安排在第 6 学期结束后的暑期,为期 6 周,第 7 学期开学的第 1 周进行企业学习总结,对企业学习的成果进行检查、验收。

2. 建议学生企业学习在现场的实际时间按每周 5 个工作日考虑,即每位学生在企业学习的时间为 30 天,学生的企业学习日志要完成相应的工作内容和数量。

4.5.2　企业学习的成绩评定

各门课程的教学目的、实施方式、提交成果及成绩评定方法(2015 版)见表 4-3 所列。

表 4-3　各门课程的教学目的、实施方式、提交成果及成绩评定方法(2015 版)

课程编号	企业学习课程名称	考核方式	周数	学分	教学目的、实施方式、提交成果、成绩评定
0710913B	土木工程企业学习——土木工程施工企业学习(工程测量企业学习)	校企	9	9	教学目的:工程测量是土木专业的一门技术基础课课程。设置本课程的主要目的是使学生在校内掌握测量基本理论、基本知识和基本仪器操作的基础上,结合企业实际工程项目,了解并掌握测绘技术在土木工程领域中的具体应用 实施方式:通过对实际案例(如道路、桥梁、建筑施工测量以及变形监测等)的具体观摩与学习,结合具体工程项目,要求学生设计相关测量技术解决方案及数据处理方法 提交成果:课程结束后,应根据实际工程案例,提交书写工整、规范的测量技术报告及相关数据处理结果 成绩评定:根据学生在学习中的表现、出勤情况以及运用测量技术分析问题和解决问题的能力、完成任务的质量等综合评定测量成绩
0710913B	土木工程企业学习——土木工程施工企业学习(土木工程造价企业学习)	校企	9	9	教学目的:企业学习使学生能充分理解和运用课堂知识,培养学生运用所学知识分析和解决实际问题的能力,以达到专业理论知识与工程实践相结合的目的。为今后学生能够从事土木工程造价文件编制、工程计量和价款支付、索赔与现场签证、竣工结算以及工程造价争议处理等方面的工作奠定基础

（续表）

课程编号	企业学习课程名称	考核方式	周数	学分	教学目的、实施方式、提交成果、成绩评定
0710913B	土木工程企业学习——土木工程施工企业学习(土木工程造价企业学习)	校企	9	9	实施方式:掌握工程估算的编制;工程量的计算,基础单价的确定,定额计价和工程量清单计价原理编制施工图预算;施工过程中工程计量和支付的方法、程序,变更、索赔的管理以及竣工结算等实训 提交成果:实习过程中要有实习日志,实习结束后,应提交书写工整、规范的实习报告 成绩评定:根据学生在企业学习中的学习态度,出勤情况,基本知识的运用能力,分析问题、解决问题的能力,完成实训任务的质量和编写实习报告的水平等,综合评定成绩
0710913B	土木工程企业学习——土木工程施工企业学习(土木工程施工技术与组织管理企业学习)	校企	9	9	教学目的:帮助学生从感性上进一步提高对本专业的思想认识,获得施工管理及施工技术方面的生产实际知识,巩固和深化所学的理论知识,培养运用所学理论知识解决生产实际问题的工程能力与创新能力 实施方式:通过深入施工现场实习,学习生产技术和施工组织管理等方面的知识,将理论知识与实践经验相结合,巩固和深化所学的理论知识。参加专业生产与管理活动,向施工技术人员学习并实践运用生产技术、组织管理方法 提交成果:学生在学习中每天必须记日志,日志应根据各人的学习内容,用文字、插图、表格记述;在结束时,每个学生必须写出总结报告,报告内容主要写企业学习中业务收获体会或专题总结,报告用文字、插图表达,力求简明扼要和具有科学性、系统性;总结报告要全面详细,书写工整,文理通顺;报告要求 8000 字以上 成绩评定:实习日志是对实习过程的记载,是评定成绩的依据之一;企业学习结束时依据实习期间的表现(工作态度、出勤情况、遵守纪律情况)、日志、报告质量及所收集资料情况来综合评定企业学习成绩

（续表）

课程编号	企业学习 课程名称	考核方式	周数	学分	教学目的、实施方式、提交成果、成绩评定
0710933B	土木工程设计企业学习	校内	12	12	教学目的：培养土木工程专业本科生综合应用所学基础课、专业基础课及专业课知识和相应技能，解决具体的土木工程设计问题所需的综合能力和创新能力；学生在学校指导教师和企业兼职导师的指导下，能够独立系统地完成一项工程设计，解决与之相关的所有问题，熟悉相关设计规范、标准图以及工程实践中常用的方法 实施方式：设计企业学习过程包括设计准备、正式设计、毕业答辩三个阶段。设计准备阶段是根据设计任务书要求，明确工程特点和设计要求，收集有关资料，拟定设计计划。正式设计阶段需完成方案设计、结构设计与计算，这一阶段分为方案设计、结构设计、施工设计等阶段，整个设计过程由校内指导教师安排，并由校内指导教师和企业指导教师共同指导。毕业答辩阶段是总结设计过程和成果，让学生清晰准确地反映自己所做的工作，并结合自己的设计，深化对有关概念、理论、方法的认识的阶段 提交成果：完成结构设计计算书一份，包括主要设计计算内容、计算过程及结果，要求文字表达简明准确，计算过程明晰详细，字迹工整，设计成果正确可靠，对于每一步骤的设计思想和设计依据要交代清楚，并附以必要的计算图纸（如计算图式、内力包络图等），能够用图表说明问题的地方尽量采用图表，应采用通用的设计符号和国际计量单位，采用统一的课程设计用纸，最后应按统一规格装订成册。绘制结构施工图 8～10 张（2 号图幅），要求符合制图标准，图面清洁 成绩评定：根据学生在毕业设计中的表现、出勤情况、完成设计任务的质量（结构设计计算书和结构施工图的情况），以及毕业答辩的情况综合评定毕业设计成绩

5 企业学习的考核与评定

本章要点：本章针对企业学习的考核标准与成绩评定，主要从学习态度、技术能力、过程记录等方面阐述了企业学习的考核方法与具体指标，以及从企业指导教师和校内指导教师的考核评价角度，分别介绍如何以不同要素指标综合评价学生企业实习的效果，使考核和评定结果更加全面和客观。

5.1 企业学习的考核标准

对于土木工程企业学习考核，如何实现针对每个学生的真实量化评价是全面考核实习效果、保障实习质量的关键问题。从 2010 年最初实施卓越工程师教育培养计划 1.0 到 2018 年卓越工程师教育培养计划 2.0，再经历 2017 年和 2020 年国家工程教育专业认证，合肥工业大学土木工程专业始终以学生为中心，以培养学生能力为目标，不断改革实践教学方法，探索多元化考核体系，制定并完善分类指标考核与评分标准，使企业实习考核更加精细化。对企业学习的四个实习模块均设置了分类考核指标和评价标准，各模块以学习态度、技术能力以及过程记录作为主要考核方面，通过对各分项进行进一步细致量化，确保考核能全面反映实习阶段的学习和工作表现、实践知识和能力的掌握情况，同时也方便企业指导教师根据学生具体表现，按客观标准逐项给出考核结果。

工程测量实习模块——考核表见表 5－1 所列。

表 5－1 工程测量实习模块——考核表

<table>
<tr><td>姓名</td><td></td><td>专业(班级)</td><td></td><td colspan="2">学号</td><td colspan="2"></td></tr>
<tr><td>学习单位</td><td colspan="2"></td><td>学习期限</td><td colspan="4"></td></tr>
<tr><td>学习期间
出勤记录</td><td colspan="2">事假________天
病假________天</td><td colspan="2">迟到________次
早退________次</td><td colspan="3">旷工________
奖惩________</td></tr>
<tr><td>评定项目</td><td colspan="5">内容</td><td>满分</td><td>评分</td></tr>
<tr><td rowspan="6">学习
态度
(35%)</td><td colspan="5">能主动遵守学习单位劳动纪律、安全规则和各项规章制度</td><td>10</td><td></td></tr>
<tr><td colspan="5">热爱本职工作，学习态度端正，谦虚主动</td><td>5</td><td></td></tr>
<tr><td colspan="5">服从单位工作安排，工作配合度及执行力好</td><td>5</td><td></td></tr>
<tr><td colspan="5">工作责任心强，有吃苦耐劳精神</td><td>5</td><td></td></tr>
<tr><td colspan="5">虚心学习，积极热情，尊敬师长</td><td>5</td><td></td></tr>
<tr><td colspan="5">思考和钻研业务，发现问题及时报告</td><td>5</td><td></td></tr>
</table>

（续表）

技术能力（15%）	能学以致用，把所学知识和文化知识较好地运用到实践中去		5	
	能基本掌握本职工作基本知识和技能，按时完成所分配的任务		5	
	认真钻研本岗位专业知识，不断提高技术业务水平		5	
过程记录（三类学习选其一）（50%）	工程建设准备阶段	工程前期相关测量规范的学习及应用能力	10	
		对工程测量相关资料的收集与整理	10	
		测量方案的设计与分析	20	
		熟悉施工测量的工作内容	10	
	工程建设实施阶段	理解和掌握施工测量方法	10	
		掌握施工测量数据处理	10	
		熟悉相关仪器操作	10	
		能够进行实际施工放样工作	20	
	工程竣工验收与保修阶段	了解竣工测量以及变形监测内容	10	
		掌握相关变形测量方法	10	
		熟悉相关仪器操作	10	
		能够完成具体竣工测量及变形监测工作	20	
合计得分			100	
企业指导教师	签字：			

工程造价实习模块——考核表见表5-2所列。

表5-2　工程造价实习模块——考核表

姓名		专业（班级）		学号	
学习单位			学习期限		
学习期间出勤记录	事假________天 病假________天	迟到________次 早退________次	旷工________天 奖惩________次		
评定项目	内容			满分	评分
学习态度（35%）	能主动遵守学习单位劳动纪律、安全规则和各项规章制度			10	
	热爱本职工作，学习态度端正，谦虚主动			5	
	服从单位工作安排，工作配合度及执行力好			5	
	工作责任心强，有吃苦耐劳精神			5	
	虚心学习，积极热情，尊敬师傅			5	
	思考和钻研业务，发现问题及时报告			5	
技术能力（15%）	能学以致用，把所学知识和文化知识较好地运用到实践中去			5	
	能基本掌握本职工作基本知识和技能，按时完成所分配的任务			5	
	认真钻研本岗位专业知识，不断提高技术业务水平			5	

（续表）

过程记录（三类学习选其一）（50%）	工程建设准备阶段	工程前期投标决策的学习及应用能力	10	
		对编制建设工程工程量清单及计量规范的掌握	10	
		对投标报价及招标控制价的应用理解	20	
		熟悉招投标的程序、招投标过程中施工单位的工作内容	10	
	工程建设实施阶段	根据企业的施工技术和管理水平编制人、材和机等的消耗标准	20	
		理解和掌握风险费用控制方法和措施	10	
		明白施工单位对措施费用的具体安排	10	
		了解施工单位编制的施工方案与工程造价的关系	10	
	工程竣工验收与保修阶段	结合工程实际熟悉完成建设工程设计和合同约定的各项内容	10	
		追加(减)的工程价款的计算	20	
		双方确认的索赔、现场签证事项及价款编制	10	
		能够进行工程总成本分析	10	
合计得分			100	
企业指导教师	签字：			

施工技术实习模块——考核表见表5-3所列。

表5-3 施工技术实习模块——考核表

姓名		专业(班级)		学号	
学习单位		现场负责人			
指导教师		学习期限			
学习期间出勤记录	事假______天 病假______天	迟到______次 早退______次	旷工______天 奖惩______次		
评定项目	内容			满分	评分
学习态度（35%）	能主动遵守学习单位劳动纪律、安全规则和各项规章制度			15	
	服从单位的工作安排，工作配合度及执行力好			5	
	工作责任心强，有吃苦耐劳精神			5	
	虚心学习，积极热情，尊敬师傅			5	
	同事之间关系融洽，善于沟通和表达			5	
技术能力（15%）	能学以致用，把所学知识和文化知识较好地运用到实践中去			5	
	能基本掌握本职工作基本知识和技能，按时完成所分配的任务			5	
	认真钻研本岗位专业知识，不断提高技术业务水平			5	

（续表）

<table>
<tr><td rowspan="14">过程记录
（四类学习
选其一）
（50%）</td><td rowspan="3">土方及
基础
工程</td><td>掌握常见浅基础、桩基础、基坑支护结构的类型和构造要求</td><td>15</td><td></td></tr>
<tr><td>掌握各类常见浅基础、桩基础、基坑支护结构的施工工艺特点，能合理地组织相关的施工工作，根据不同的施工工艺进行相关的技术交底</td><td>20</td><td></td></tr>
<tr><td>对各类常见浅基础、桩基础、基坑支护结构进行检查、验收、质量评定</td><td>15</td><td></td></tr>
<tr><td rowspan="5">混凝土
结构</td><td>能正确选择模板的形式、材料及合理组织施工，在顶岗管理中能合理地进行模板的配板设计，相关的技术交底、技术复核工作，确保其质量、安全和经济的同时便于施工</td><td>10</td><td></td></tr>
<tr><td>通过学习应掌握钢筋的加工过程和方法及钢筋下料的计算方法，在顶岗学习中能进行钢筋的进场验收和保管，完成钢筋翻样工作和技术交底工作，能组织钢筋的检查验收工作和隐检工作</td><td>10</td><td></td></tr>
<tr><td>掌握混凝土的制备、运输、浇筑、养护、拆模各工序的要点和技术要求，在学习中为确保混凝土浇筑的质量，能进行施工配合比的核算，混凝土浇筑方案的组织、安排、设计和相关技术的交底工作</td><td>10</td><td></td></tr>
<tr><td>季节性施工（夏季、冬季、雨季）、大体积或大面积混凝土施工、高大模板支撑施工要点</td><td>10</td><td></td></tr>
<tr><td>掌握混凝土工程检查、验收、评定质量工作</td><td>10</td><td></td></tr>
<tr><td rowspan="3">钢结构
安装</td><td>了解起重机械的类型、构造和工作原理，能够根据起重机械的起重参数正确选择起重机械</td><td>10</td><td></td></tr>
<tr><td>了解单层工业厂房安装的过程，掌握主要构件的安装工艺及布置要点，能够拟定吊装技术方案；了解多层装配式框架结构的安装特点及技术方案，掌握柱校正和构件接头的基本要求；了解空间网架结构的施工方法</td><td>30</td><td></td></tr>
<tr><td>掌握钢结构工程检查、验收、质量评定工作</td><td>10</td><td></td></tr>
<tr><td rowspan="3">砌筑、
装饰及
防水</td><td>掌握砌体工程的施工准备工作内容、砌筑方法及砌体的验收内容；能组织工人完成砌筑工程相关准备工作，对工人进行砌筑工程的技术交底，参与砌筑过程及完工后的检查验收工作</td><td>30</td><td></td></tr>
<tr><td>了解抹灰工程的组成，工序的要点、技术要求及检验方法；了解涂料的种类、性能及刷浆施工要点或幕墙类型及安装工艺</td><td>10</td><td></td></tr>
<tr><td>掌握卷材防水、涂膜防水、细石混凝土防水的施工要点和检验质量标准</td><td>10</td><td></td></tr>
<tr><td colspan="3">合计得分</td><td>100</td><td></td></tr>
<tr><td>企业指导教师</td><td colspan="4">签字：</td></tr>
</table>

施工组织设计实习模块——考核表见表 5－4 所列。

表 5－4 施工组织设计实习模块——考核表

<table>
<tr><td>姓名</td><td></td><td>专业（班级）</td><td></td><td>学号</td><td></td></tr>
<tr><td>学习单位</td><td colspan="2"></td><td>学习期限</td><td colspan="2"></td></tr>
<tr><td>学习期间
出勤记录</td><td colspan="2">事假＿＿＿天
病假＿＿＿天</td><td>迟到＿＿＿次
早退＿＿＿次</td><td colspan="2">旷工＿＿＿天
奖惩＿＿＿次</td></tr>
<tr><td>评定项目</td><td colspan="3">内容</td><td>满分</td><td>评分</td></tr>
<tr><td rowspan="6">学习态度
（35％）</td><td colspan="3">能主动遵守学习单位劳动纪律、安全规则和各项规章制度</td><td>10</td><td></td></tr>
<tr><td colspan="3">热爱本职工作，学习态度端正，谦虚主动</td><td>5</td><td></td></tr>
<tr><td colspan="3">服从单位工作安排，工作配合度及执行力好</td><td>5</td><td></td></tr>
<tr><td colspan="3">工作责任心强，有吃苦耐劳精神</td><td>5</td><td></td></tr>
<tr><td colspan="3">虚心学习，积极热情，尊敬师傅</td><td>5</td><td></td></tr>
<tr><td colspan="3">思考和钻研业务，发现问题及时报告</td><td>5</td><td></td></tr>
<tr><td rowspan="3">技术能力
（15％）</td><td colspan="3">能学以致用，把所学文化知识较好地运用到实践中去</td><td>5</td><td></td></tr>
<tr><td colspan="3">能基本掌握本职工作基本知识和技能，按时完成所分配的任务</td><td>5</td><td></td></tr>
<tr><td colspan="3">认真钻研本岗位专业知识，不断提高技术业务水平</td><td>5</td><td></td></tr>
<tr><td rowspan="9">过程记录
（50％）</td><td rowspan="3">学习第一阶段</td><td colspan="2">熟悉施工图纸</td><td>5</td><td></td></tr>
<tr><td colspan="2">熟悉关键工序施工方案</td><td>5</td><td></td></tr>
<tr><td colspan="2">熟悉施工平面布置图</td><td>5</td><td></td></tr>
<tr><td rowspan="2">学习第二阶段
（两者选一）</td><td colspan="2">编制关键工序施工方案以及进行方案比选</td><td>15</td><td></td></tr>
<tr><td colspan="2">编制危险性较大的分部分项工程的安全施工方案和安全计算</td><td>15</td><td></td></tr>
<tr><td rowspan="4">学习第三阶段</td><td colspan="2">编制分部分项工程网络计划或横道图</td><td>5</td><td></td></tr>
<tr><td colspan="2">编制分部分项工程资源需求量计划</td><td>5</td><td></td></tr>
<tr><td colspan="2">编制质量保证措施、安全保证措施、冬雨季施工措施等</td><td>5</td><td></td></tr>
<tr><td colspan="2">编制并计算本工程相关的技术经济指标</td><td>5</td><td></td></tr>
<tr><td colspan="4">合计得分</td><td>100</td><td></td></tr>
<tr><td>企业指导教师</td><td colspan="5">签字：</td></tr>
</table>

5.2 企业学习的成绩评定

基于各实习模块的考核成绩，由企业指导教师从学生的学习时间、学习纪律、学习态度、学习工作量、团队合作精神、实践能力、技术掌握能力等方面给出综合评价，并给出建议成绩，校内指导教师则依据学生的学习报告、字数、内容、工作量等方面综合企业指导教师的评语给出综合评价，最后由所在院系根据企业和校内指导教师的综合评价，并结合企业实习结束后开展的实习答辩，最终确定企业实习成绩。

工程测量实习模块——成绩评定表见表 5－5 所列。

表 5－5 工程测量实习模块——成绩评定表

<table>
<tr><td>学生姓名</td><td></td><td>专业（班级）</td><td></td><td>学号</td><td></td></tr>
<tr><td>学习时间</td><td colspan="2"></td><td>学习地点</td><td colspan="2"></td></tr>
<tr><td>学习科目</td><td colspan="2"></td><td>学习内容</td><td colspan="2"></td></tr>
<tr><td colspan="6">企业指导教师评语：（建议从学生的学习时间、学习纪律、学习态度、学习工作量、团队合作精神、实践能力、技术掌握能力等方面给出综合评价）

建议成绩：
企业指导教师：
年　月　日</td></tr>
<tr><td colspan="6">项目部意见：
项目经理签章：
年　月　日</td></tr>
<tr><td colspan="6">学习单位意见：
单位签章：
年　月　日</td></tr>
<tr><td colspan="6">校内指导教师评语：（建议从学生的学习报告、字数、内容、工作量等方面，综合企业指导教师的评语给出综合评价）

成绩：
校内指导教师：
年　月　日</td></tr>
<tr><td colspan="6">系考核意见：

系主任签章：
年　月　日</td></tr>
<tr><td colspan="6">院考核意见：

院长签章：
年　月　日</td></tr>
</table>

工程造价实习模块——成绩评定表见表 5－6 所列。

表 5－6　工程造价实习模块——成绩评定表

<table>
<tr><td>学生姓名</td><td></td><td>专业(班级)</td><td></td><td>学号</td><td></td></tr>
<tr><td>学习时间</td><td colspan="2"></td><td>学习地点</td><td colspan="2"></td></tr>
<tr><td>学习科目</td><td colspan="2"></td><td>学习内容</td><td colspan="2"></td></tr>
<tr><td colspan="6">企业指导教师评语:(建议从学生的学习时间、学习纪律、学习态度、学习工作量、团队合作精神、实践能力、技术掌握能力等方面给出综合评价)

建议成绩:
企业指导教师:
年　　月　　日</td></tr>
<tr><td colspan="6">项目部意见:

项目经理签章:
年　　月　　日</td></tr>
<tr><td colspan="6">学习单位意见:

单位签章:
年　　月　　日</td></tr>
<tr><td colspan="6">校内指导教师评语:(建议从学生的学习报告、字数、内容、工作量等方面,综合企业指导教师的评语给出综合评价)

成绩:
校内指导教师:
年　　月　　日</td></tr>
<tr><td colspan="6">系考核意见:

系主任签章:
年　　月　　日</td></tr>
<tr><td colspan="6">院考核意见:

院长签章:
年　　月　　日</td></tr>
</table>

施工技术实习模块——成绩评定表见表5-7所列。

表5-7 施工技术实习模块——成绩评定表

<table>
<tr><td>学生姓名</td><td></td><td>专业（班级）</td><td></td><td>学号</td><td></td></tr>
<tr><td>学习时间</td><td colspan="2"></td><td>学习地点</td><td colspan="2"></td></tr>
<tr><td>学习科目</td><td colspan="2"></td><td>学习内容</td><td colspan="2"></td></tr>
<tr><td colspan="6">企业指导教师评语：（建议从学生的学习时间、学习纪律、学习态度、学习工作量、团队合作精神、实践能力、技术掌握能力等方面给出综合评价）

建议成绩：
企业指导教师：
年　月　日</td></tr>
<tr><td colspan="6">项目部意见：

项目经理签章：
年　月　日</td></tr>
<tr><td colspan="6">学习单位意见：

单位签章：
年　月　日</td></tr>
<tr><td colspan="6">校内指导教师评语：（建议从学生的学习报告、字数、内容、工作量等方面，综合企业指导教师的评语给出综合评价）

成绩：
校内指导教师：
年　月　日</td></tr>
<tr><td colspan="6">系考核意见：

系主任签章：
年　月　日</td></tr>
<tr><td colspan="6">院考核意见：

院长签章：
年　月　日</td></tr>
</table>

施工组织设计实习模块——成绩评定表见表5-8所列。

表5-8 施工组织设计实习模块——成绩评定表

<table>
<tr><td>学生姓名</td><td></td><td>专业(班级)</td><td></td><td>学号</td><td></td></tr>
<tr><td>学习时间</td><td colspan="2"></td><td>学习地点</td><td colspan="2"></td></tr>
<tr><td>学习科目</td><td colspan="2"></td><td>学习内容</td><td colspan="2"></td></tr>
<tr><td colspan="6">企业指导教师评语:(建议从学生的学习时间、学习纪律、学习态度、学习工作量、团队合作精神、实践能力、技术掌握能力等方面给出综合评价)

建议成绩:
企业指导教师:
年 月 日</td></tr>
<tr><td colspan="6">项目部意见:

项目经理签章:
年 月 日</td></tr>
<tr><td colspan="6">学习单位意见:

单位签章:
年 月 日</td></tr>
<tr><td colspan="6">校内指导教师评语:(建议从学生的学习报告、字数、内容、工作量等方面,综合企业指导教师的评语给出综合评价)

成绩:
校内指导教师:
年 月 日</td></tr>
<tr><td colspan="6">系考核意见:

系主任签章:
年 月 日</td></tr>
<tr><td colspan="6">院考核意见:

院长签章:
年 月 日</td></tr>
</table>

6 企业实习管理办法

本章要点:本章主要介绍企业实习管理办法,包括总则、组织管理、过程管理、纪律管理、成绩管理、费用管理、安全管理和附则8个方面。

为了加强学生企业实习的组织管理,规范企业实习的工作程序,强化企业实习学生的行为规范,提高企业实习工作成效,特制定本办法。

6.1 总 则

6.1.1 企业实习是卓越工程师教育培养计划教学工作的一个重要组成部分,是学生职业能力形成的关键性实践教学环节,是深化人才培养模式改革、强化学生职业道德和职业素质的良好途径。

6.1.2 企业实习的主要目的在于强化学生理论联系实际能力,加强学生实践能力锻炼,提高学生实际操作能力,加深学生对职业岗位工作的认识和了解,全面提高学生的综合素质,为学生实现就业零适应期打下扎实的基础,也为本科毕业后继续深造的学生提供了一个好的实践平台。

6.1.3 土木工程各专业方向要加强内涵建设,将企业实习纳入教学计划,做到企业实习与专业培养目标、学生就业、毕业后继续深造等相衔接。企业实习实践教学环节主要依靠本专业教师和企业内的工程师联合指导和培养,使学生紧密结合工程实际,深入土木工程建设的勘测、设计、施工和运营管理等整个工程生命周期中,完成在企业学习阶段的学习任务。

6.1.4 企业学习累计9周的时间,安排在大三结束后的暑假进行。

6.2 组织管理

6.2.1 企业实习工作由学校、企业共同管理。学院成立由教学办、学工办、各系等有关人员组成的企业实习工作组,各系分别成立相应的企业实习工作小组,负责企业实习工作的管理、指导,确保企业实习工作的顺利进行。企业成立企业实习指导工作组,与学院企业实习工作组联合制订并落实具体企业实习教学计划;组织企业兼职教师指导学生实习;协调学生实习单位,在条件允许的情况下,协调落实学生参与企业技术创新和工程开发等工作。

6.2.2 由分管院领导和分管学工副书记联合领导学院企业实习工作组。企业实习工作组的主要职责是负责与企业、行业的联系，拓宽学生企业实习和就业的渠道；组织联系落实企业实习单位；选派、聘用企业实习指导教师；审核各系的企业实习实施计划；督促、检查各系企业实习计划的落实情况；研究解决企业实习在管理中存在的问题，了解和掌握学生就业签约等情况。

6.2.3 各系成立由系主任担任组长的企业实习工作小组，负责本系企业实习工作的组织实施。企业实习工作小组的主要职责是按照专业培养目标要求，组织制订和审定企业实习实施计划和企业实习大纲；根据学院联系落实的企业实习单位，安排本系学生到各实习企业；开展企业实习动员教育；对企业实习过程及质量进行监督检查；组织企业实习成绩评定和工作总结，并向教务处上报相关企业实习备案材料；完成过程管理中所要完成的工作任务；组织开展就业和继续深造的指导工作。

6.2.4 校内指导教师的主要职责是根据专业培养目标及企业实习大纲要求，制订企业实习实施计划；协助企业指导教师对学生进行业务指导和日常管理；督促并指导学生完成企业学习任务书中要求的各项任务，掌握学生的思想和工作动态，帮助解决学生遇到的问题；及时向系企业实习工作小组通报学生企业实习情况；参与学生企业实习考核和成绩评定；完成过程管理中所要完成的工作任务；开展学生就业和继续深造的指导工作。

6.2.5 实习单位指导教师的主要职责是积极落实校企双方共同制订的企业学习计划，与学校共同确定学生的实习岗位、实习内容、考核目标等；具体负责学生企业实习期间的考勤、业务考核、技能训练、实习鉴定等工作，落实企业实习任务，做好学生的安全教育工作。

6.3 过程管理

6.3.1 学生进行企业实习的单位原则上由学校统一联系安排，如果学生自主联系实习单位，须由本人在学校办理相关申请手续。

6.3.2 各系应根据土木工程专业人才培养方案的要求，选择与专业相关的实习企业，做到专业与岗位对口、相关，明确双方的责任、权利和义务，以保障实习企业的利益和实习学生的合法权益。在企业实习开始前向学生公布已落实的企业实习单位，组织学生选择实习企业。

6.3.3 企业实习单位应具备以下条件：实习劳动条件和环境必须符合国家有关法律法规，不影响实习学生的安全及身心健康；不得安排学生从事高空、井下、放射性、高毒、易燃易爆和其他具有安全隐患的岗位工作；原则上学生每天实习时间不得超过 8 小时；免费给实习学生提供食宿及学习场所。

6.3.4 各系选派专业课教师为企业实习校内指导教师，聘请企事业单位的技术人员为企业实习兼职指导教师，并在企业实习前确定指导教师名单。

6.3.5 企业实习由学生本人提出申请，填写《企业实习申请表》(附件 1)，报系企业实习工作小组审批，系企业实习工作小组填写《企业实习安排表》(附件 2)上报学校教务处。

6.3.6 校内指导教师应根据专业培养目标及企业实习大纲要求，与实习单位共同商定学生的实习岗位、实习内容、考核目标等企业实习实施计划，并填写《企业实习任务书》(附件 3)。

6.3.7　各系应对企业实习实施计划和《企业实习任务书》进行认真审核，审定后发放到参加企业实习的学生手中，使学生明确企业实习的主要内容和基本要求。

6.3.8　各系应在学生开始进行企业实习前，组织开展企业实习动员会，布置落实企业实习各项工作。

6.3.9　学生离校前须认真学习企业实习的有关规定，了解企业实习的任务，并签订《企业实习承诺书》(附件 4)。

6.3.10　学生按规定时间到实习单位进行企业实习，无正当理由不得擅自离开实习单位。未经所在院系及实习单位同意擅离岗位者，企业实习考核按不合格处理。若由于实习单位单方面原因，必须上报校内指导教师和所在系，由指导教师与实习单位联系证实后，方可办理相关的离岗手续，并调换到新的实习单位，不允许先离岗后报告。

6.3.11　学生到岗两天内必须报告校内企业实习指导教师，一周内将实习的作息时间安排告知指导老师，以便指导教师抽查指导；并可通过电话、网络等多种方式，每周至少与指导教师保持一次工作联系。

6.3.12　学生企业实习期间，按要求写好《企业实习日志》(附件 5)。临近企业实习结束时，按要求写好《企业实习报告》(附件 6)，要求实习单位和实习单位指导教师填写《企业实习考核表》(附件 7)和《企业实习任务书》中相应栏目的内容，带回给校内企业实习指导教师，并完成其他企业实习任务。

6.3.13　校内指导教师应根据各自的工作职责，加强对学生进行企业实习指导、就业指导和继续深造等方面的指导。协助实习单位指导教师对学生进行业务指导和日常管理等方面的指导，通过现场指导、网络及电话等联系方式，每周与学生联系不少于两次，督促学生完成《企业实习指导书》要求的各项任务，掌握学生的思想和工作动态，帮助学生解决遇到的问题，并认真填写《企业实习检查情况表》(附件 8)，指导学生撰写《企业实习报告》和《毕业设计(论文)》，并做好检查与批改。

6.3.14　学生企业实习结束时，实习单位及实习单位指导教师应对学生企业实习的表现情况进行考核。考核的重点是学生实践操作能力和职业素养，内容包括学生的工作态度、职业素养、协作能力、专业技能、创新意识等，并填写《企业实习检查情况表》和《企业实习任务书》中的相应栏目，实习单位指导教师签字确认并加盖单位公章后交给校内企业实习指导教师。

6.3.15　学生的企业实习可以在不同单位或同一单位不同岗位进行，学生每更换一个单位或岗位，应填写一张《企业实习考核表》。

6.3.16　校内企业实习指导教师应在企业实习结束后，做好学生企业实习考核工作，填写学生《企业实习考核表》中的相关内容；将学生企业实习材料汇总到所在系存档，材料包括企业实习申请表、企业实习承诺书、企业实习任务书、企业实习检查情况表、企业实习考核表、企业实习报告、企业实习日志等。

6.3.17　各系应在企业实习结束时，组织开展企业实习成绩评定和总结工作，建立档案，并向教务处上报相关企业实习备案材料。

6.4 纪律管理

6.4.1 参加企业实习的学生应自觉遵守国家法律法规，遵守实习单位和学校的规章制度，有事必须向实习单位指导教师和校内指导教师双方请假，不得擅自离岗，不做损人利己、有损实习单位形象和学校声誉的事情，不参与任何违法犯罪活动。

6.4.2 参加企业实习的学生具有双重身份，既是一名学生，又是实习单位的一名准员工，要服从实习单位和学校的安排、管理，尊重实习单位的领导、实习指导教师和其他员工。

6.4.3 按照企业实习计划、工作任务和岗位特点，学生要安排好自己的学习、工作和生活，发扬艰苦朴素的作风和谦虚好学的精神，刻苦锻炼，培养独立的工作能力，提高自己的业务水平。

6.4.4 要有高度的安全防范意识，切实做好安全工作，确保人身、财产安全。

6.4.5 学生企业实习期未满，不得擅自离开或调换实习单位，个别学生确因特殊情况，需中途调换实习单位时，须征得所在系及原实习单位同意。

6.4.6 未经所在系及原实习单位同意，擅自离开或调换实习单位的学生，企业实习成绩按不及格处理。

6.5 成绩管理

6.5.1 学生在企业实习期间接受学校和实习单位的双重指导，校企双方要加强对学生实习过程的监控和考核，实行以实习单位为主、学校为辅的校企双方考核制度，由双方指导教师共同填写《企业实习考核表》。

6.5.2 企业实习考核分两部分：一是实习单位指导教师对学生的考核；二是校内指导教师对学生的综合实习情况进行评价。

6.5.3 校内指导教师要对学生在实习单位每一部门或岗位的表现情况进行考核，考核的重点是学生组织纪律性以及企业实习任务的完成情况，内容包括学生的企业实习日志、企业实习报告、企业实习任务书规定内容的完成情况等。

6.5.4 根据实习单位指导教师和校内指导教师的考核成绩，各系综合评定学生企业实习成绩。

6.5.5 考核等级分优秀、良好、中等、及格和不及格五级。考核及格及以上的学生可获得相应的企业实习学分。考核等级标准如下：

优秀(90分以上)：企业实习态度端正，能很好地完成企业实习任务，达到企业实习大纲中规定的全部要求。企业实习报告能对实习内容进行全面、系统地总结，并能运用学过的理论对某些问题加以分析，并有某些独到的见解。

良好(80～89分)：企业实习态度端正，能较好地完成企业实习任务，达到企业实习大纲中规定的全部要求。企业实习报告能对实习内容进行比较全面、系统地总结。

中等(70～79分)：企业实习态度端正，能完成企业实习任务，达到企业实习大纲中规定的主要要求。企业实习报告能对实习内容进行比较全面地总结。

及格(60～69分):企业实习态度端正,完成了企业实习的主要任务,达到企业实习大纲中规定的基本要求。能够完成企业实习报告,内容基本正确,但不够完整、系统。

不及格(60分以下):企业实习态度不端正,未完成企业实习的主要任务,未达到企业实习大纲中规定的基本要求。

6.6 费用管理

6.6.1 学生企业实习期间,差旅费及生活补助费包干使用。费用由教务处审核,分管院长签字后到财务处报销。具体按以下标准执行:

(1)学生在本市城区内实习,差旅费及生活补助费按每天15元包干使用。

(2)学生在本市城区外实习,差旅费及生活补助费按每天20元包干使用。

(3)学生在本市以外省内实习,差旅费及生活补助费按每天30元包干使用。

(4)学生在省外实习,差旅费及生活补助费按每天40元包干使用。

6.6.2 根据土木工程专业卓越工程师教育培养计划的培养方案规定,学生企业实习在工程施工现场实习时间为9周,指导教师的差旅费(外地)或交通费(本地)根据实际发生计算,差旅补助按实际发生天数计算,其中外地每天按120元,本地每天按50元核准。费用由教务处审核,分管院长签字后凭票到财务处报销。

6.6.3 其他费用参照合肥工业大学《"卓越工程师教育培养计划"专项经费管理暂行办法》执行。

6.6.4 指导教师课酬

(1)指导教师只通过电话、网络、通信等形式对学生进行远程指导,每指导1名学生按5学时计酬。

(2)指导教师到学生所在地,对学生进行现场指导,每指导1名学生按12学时计酬。

6.7 安全管理

6.7.1 学生在企业实习期间应严格遵守实习单位的安全规章制度及《土木工程专业卓越工程师计划企业实习指导书》的安全规定。

6.7.2 学生在企业实习期间由学校统一购买相关保险,并建立健全企业实习保障措施。

6.7.3 教师在指导学生企业实习期间,由学校统一购买相关保险,并建立健全相关保障措施。

6.8 附 则

6.8.1 本办法自颁布之日起试行,由教务处负责解释。

附件1 企业实习申请表

附件2 企业实习安排表

附件 3　企业实习任务书
附件 4　企业实习承诺书
附件 5　企业实习日志
附件 6　企业实习报告撰写要求
附件 7　企业实习考核表
附件 8　企业实习检查情况表

附件 1　企业实习申请表

<table>
<tr><td rowspan="3">学生情况</td><td>姓名</td><td></td><td>性别</td><td></td><td>学号</td><td></td></tr>
<tr><td>所属系</td><td></td><td>专业</td><td></td><td>班级</td><td></td></tr>
<tr><td>家庭住址</td><td colspan="3"></td><td>联系电话</td><td></td></tr>
<tr><td rowspan="5">实习单位情况</td><td>单位名称</td><td colspan="3"></td><td>单位性质</td><td></td></tr>
<tr><td>所属行业</td><td colspan="3"></td><td>经营范围</td><td></td></tr>
<tr><td>地址</td><td colspan="3"></td><td>邮编</td><td></td></tr>
<tr><td>联系人</td><td colspan="3"></td><td>电话</td><td></td></tr>
<tr><td>传真</td><td colspan="3"></td><td>E - mail</td><td></td></tr>
<tr><td colspan="2">实习内容</td><td colspan="5"></td></tr>
<tr><td colspan="2">实习岗位</td><td colspan="5"></td></tr>
<tr><td colspan="2">实习时间</td><td colspan="5">年　月　日至　年　月　日</td></tr>
<tr><td colspan="2">实习单位意见
（是否同意接收）</td><td colspan="5">单位盖章
年　月　日</td></tr>
<tr><td colspan="2">家长意见</td><td colspan="5">签字：
年　月　日</td></tr>
<tr><td colspan="2">辅导员意见</td><td colspan="5">签字：
年　月　日</td></tr>
<tr><td colspan="2">校内指导
教师意见</td><td colspan="5">签字：
年　月　日</td></tr>
<tr><td colspan="2">学院意见</td><td colspan="5">签字：
年　月　日</td></tr>
</table>

附件 2　企业实习安排表

<table>
<tr><td>所属系</td><td></td><td>专业</td><td colspan="2"></td><td>班级</td><td></td></tr>
<tr><td>实习时间</td><td colspan="6">年　月　日至　　年　月　日
共　（天/周/月）</td></tr>
<tr><td>姓名</td><td colspan="2">实习地点</td><td colspan="2">校外指导教师</td><td>联系方式</td><td>校内指导教师</td></tr>
<tr><td></td><td colspan="2"></td><td colspan="2"></td><td></td><td></td></tr>
<tr><td></td><td colspan="2"></td><td colspan="2"></td><td></td><td></td></tr>
<tr><td></td><td colspan="2"></td><td colspan="2"></td><td></td><td></td></tr>
<tr><td></td><td colspan="2"></td><td colspan="2"></td><td></td><td></td></tr>
<tr><td></td><td colspan="2"></td><td colspan="2"></td><td></td><td></td></tr>
<tr><td></td><td colspan="2"></td><td colspan="2"></td><td></td><td></td></tr>
<tr><td></td><td colspan="2"></td><td colspan="2"></td><td></td><td></td></tr>
<tr><td></td><td colspan="2"></td><td colspan="2"></td><td></td><td></td></tr>
<tr><td></td><td colspan="2"></td><td colspan="2"></td><td></td><td></td></tr>
<tr><td></td><td colspan="2"></td><td colspan="2"></td><td></td><td></td></tr>
<tr><td></td><td colspan="2"></td><td colspan="2"></td><td></td><td></td></tr>
<tr><td></td><td colspan="2"></td><td colspan="2"></td><td></td><td></td></tr>
<tr><td>学院
意见</td><td colspan="6">盖　章
年　　月　　日</td></tr>
<tr><td></td><td></td><td></td><td></td><td></td><td></td><td></td></tr>
</table>

注：此表于学生企业实习开始后的两周内由院系汇总，一式两份，一份交教务处，一份系部存档。

附件 3　企业实习任务书

<table>
<tr><td>姓名</td><td></td><td>学号</td><td></td><td>专业</td><td></td><td>所属系</td><td></td></tr>
<tr><td>实习单位</td><td colspan="3"></td><td>实习岗位</td><td colspan="3"></td></tr>
<tr><td>实习时间</td><td colspan="7">年　月　日至　　年　月　日</td></tr>
<tr><td>实习目标</td><td colspan="7"></td></tr>
<tr><td>实习内容
(任务)</td><td colspan="7"></td></tr>
<tr><td>实习
任务
安排</td><td colspan="7">1. 土木工程认识、测量基础、工程材料与结构试验企业实习安排 4 周(在校内进行)
(1)第 1 周:土木工程认识实习
(2)第 2～3 周:测量实习
(3)第 4 周:工程材料与结构试验
2. 土木工程测量、工程造价、施工技术与组织管理企业实习安排 11 周(在企业进行),1 周回学校进行企业实习总结答辩
(1)第 1 周:实习前的调研及查阅相关资料,熟悉实习内容,熟悉企业实习单位的基本情况,听取企业实习单位技术人员的情况介绍
(2)第 2～11 周:跟班进行企业实习,熟悉工作流程,掌握相关知识和技能。整理实习日志、完成实习报告
(3)第 12 周:企业实习总结答辩
3. 土木工程设计企业实习安排 22 周(在校内进行)
(1)第 1～9 周:进行单项工程设计企业实习,完成各项设计任务
(2)第 10～21 周:进行完整工程设计企业实习,完成设计任务
(3)第 22 周:毕业设计答辩
(以上安排仅供参考,具体安排根据实际情况调整)</td></tr>
<tr><td>校外指导
教师签字</td><td colspan="3"></td><td>校内指导
教师签字</td><td colspan="3"></td></tr>
<tr><td>学院审核</td><td colspan="7">签字:
年　　月　　日</td></tr>
</table>

注:实习任务安排要具体到每周的实习任务。

附件4　企业实习承诺书

为了加强社会实践锻炼，提高专业技能和工程综合能力，本人申请离校到企事业单位实习，并郑重承诺如下：

1. 本人将严格履行学校离校审批程序，经学校相关部门审核批准后离校。

2. 按规定时间到实习单位实习，如需调换实习单位，将事先报告校内外指导教师，办理相关离岗手续后才到新的实习单位，决不先离岗后报告。

3. 到岗两天内报告校内指导教师，并留下本人可及时联系的通讯方式，保证每周至少两次与校内指导教师保持联系。

4. 自觉遵守国家法律法规，遵守实习单位和学校的规章制度，有事将事先向单位指导教师和校内指导教师双方请假，不擅自离岗，不做损人利己、有损实习单位形象和学校声誉的事情，不参与任何违法犯罪活动。若发生违纪情况，同意实习单位按职工管理办法处理。

5. 提高安全防范意识，若本人违章操作造成实习单位人员发生人身事故或造成实习单位的设备损坏，本人承担全部责任及医疗费用。

6. 校外实习期间发生交通、安全等意外事故，按学校相关规定处理。

7. 严格按照《企业实习管理办法》要求，认真写好企业实习日志和企业实习报告，完成其他各项企业实习任务。

8. 根据学校要求，按时完成毕业设计（论文）答辩。

本人将严格履行以上承诺，如有违反，愿意承担相应的责任，并按学校相关规定处理。

承诺人：

__________________系________级__________专业（方向）

年　　月　　日

附件 5　企业实习日志

No.

<table>
<tr><td>姓　名</td><td></td><td>学号</td><td></td><td>专业</td><td></td><td>所属系</td><td></td></tr>
<tr><td>实习单位</td><td colspan="3"></td><td>实习岗位</td><td colspan="3"></td></tr>
<tr><td>实习时间</td><td colspan="3">年　月　日</td><td>天气情况</td><td colspan="3"></td></tr>
<tr><td>实习工作描述</td><td colspan="7">（主要描述当天的工作情况、实习体会、收获及存在的问题等）</td></tr>
<tr><td colspan="8">校外指导教师签字：

年　月　日</td></tr>
</table>

注：1. 要求学生每天填写一张表，内容包括施工方法、施工工艺、施工过程、测量数据、试验检测数据、工程量计算、必要的附图及资料整理等。

2. 学习工作描述可另附页。

附件 6　企业实习报告撰写要求

企业实习报告是对学生企业实习过程的全面总结，是表述其实习成果、代表其专业综合水平的重要资料，是学生企业实习过程、体会、收获的全面反映，是学生实践技能中很重要的一个环节，对今后学生就业或继续深造都具有指导意义，因此，应认真写好企业实习报告。

1. 封面

（学院统一格式，电子版本，填写部分字体字号为仿宋、小三）

封面后面可以加一页目录。

企业实习报告

姓　名：________________________

学　号：________________________

专　业：________________________

所属系：________________________

实习单位：________________________

实习岗位：________________________

校外指导教师：________________________

校内指导教师：________________________

实习日期：　年　月　日至　年　月　日

年　月　日

2. 正文

正文由概述、主体和总结三部分组成，正文字数不少于5000字。

2.1 概述

概述部分简要介绍实习单位基本情况、实习岗位、实习任务的完成情况等内容，字数在500字以上。

2.2 主体

主体部分主要介绍实习过程做了些什么事、实习的体会，包括个人完成的主要工作和取得的成绩，思想和业务上的收获和体会，自己的实习态度、遵守纪律等情况。主体部分是学生对实习成果的展示和表述，是整个企业实习过程的再现，本部分占企业实习报告的大部分篇幅。

这部分内容要求思路清晰，合乎逻辑，内容务求客观、科学、完备，要尽量用事实和数据说话。用文字不容易表达明白或表达起来比较烦琐的，可应用表或图来陈述，字数要求在4000字以上。

2.3 总结

总结是实习过程的总体结论和建议，主要回答“得到了什么”“还有哪些不足”“今后将要怎么做”三个问题。它是学生对企业实习成果的归纳和总结以及对学校开设课程的建议，实习单位对人才素质的要求，学生本人存在的差距、未来的职业规划等。

撰写总结时应注意：明确、精炼、完整、准确、措辞严密，不含糊其词；结论要一分为二，一方面包括实习成果，另一方面为需要改进的地方。

3. 致谢

致谢是对实习单位提供实习实训指导的领导、师傅、同事及相关人员的感谢。

4. 企业实习报告的版面要求

企业实习报告要求用计算机排版、A4纸打印。

封面、目录、正文等一起装订。(请严格按此顺序装订)

4.1 页眉

页眉应居中置于页面上部，为“××××届企业实习报告”。页眉的文字用五号宋体。

4.2 页码

正文的页码用阿拉伯数字，居中标于页面底部。正文部分的首页和翻开后的每一右页都应该是单数页码(双面打印)。

4.3 封面

学院统一格式，电子版本，填写部分字体字号为仿宋、小三。

4.4 目录

目录应为单独页。

目　录

(居中，宋体，三号，加粗)

4.5　正文

正文页码从 1 开始。

1　一级标题

1.1　二级标题

1.1.1　三级标题

文档内容

说明：

① 一级标题为三号黑体，居中；二级、三级标题为小四黑体，左对齐，不缩进。

② 各级标题段前、段后距离 0.5 行。

③ 文档内容文字为小四，宋体或仿宋体；行间距为 1.25 倍行距；段落首行缩进 2 个字符；插图与图表应进行编号。

4.6　封底

封底上不要有任何文字。

附件 7　企业实习考核表

<table>
<tr><td>姓名</td><td></td><td>学号</td><td></td><td>专业</td><td></td><td>所属系</td><td></td></tr>
<tr><td>实习单位</td><td colspan="3"></td><td>所在岗位</td><td colspan="3"></td></tr>
<tr><td>校外指导教师</td><td colspan="2"></td><td>职务
职称</td><td></td><td>联系
电话</td><td colspan="2"></td></tr>
<tr><td>实习时间</td><td colspan="7">年　月　日至　年　月　日</td></tr>
<tr><td rowspan="2">校外
指导
教师
考核
意见</td><td colspan="7">年　月　日</td></tr>
<tr><td>实习成绩
（百分制）</td><td colspan="2"></td><td colspan="2">实习单位（盖章）
指导教师签字</td><td colspan="2"></td></tr>
<tr><td rowspan="2">校内
指导
教师
考核
意见</td><td colspan="7">年　月　日</td></tr>
<tr><td>实习成绩
（百分制）</td><td colspan="2"></td><td colspan="2">校内指导
教师签字</td><td colspan="2"></td></tr>
<tr><td>学院
综合
评定</td><td>成绩总评
（等级）</td><td colspan="2"></td><td colspan="2">企业实习
工作小组
组长审核</td><td colspan="2"></td></tr>
</table>

附件 8　企业实习检查情况表

姓名		学号		专业		所属系	
实习单位				实习岗位			
实习时间	年　月　日至　年　月　日						
检查情况（一）	校外检查教师签字： 年　月　日 校内检查教师签字： 年　月　日						
检查情况（二）	校外检查教师签字： 年　月　日 校内检查教师签字： 年　月　日						
检查情况（三）	校外检查教师签字： 年　月　日 校内检查教师签字： 年　月　日						

注：每个学生一张表，检查人员每次检查后要填写此表中“检查情况”一栏，原则上每个月至少检查一次。

参考文献

[1] 中华人民共和国教育部．国家中长期教育改革和发展规划纲要(2010—2020 年)[M]. 北京:人民出版社,2010.

[2] 中共中央国务院．国家中长期人才发展规划纲要(2010—2020 年)[M]. 北京:人民出版社,2010.

[3] 中华人共和国教育部．教育部关于实施卓越工程师教育培养计划的若干意见．教高[2011]1 号[EB/OL]. http://www.moe.gov.cn/srcsite/A08/moe_742/s3860/201101/t20110108_115066.html, 2011－02－18/2021－08－30.

[4] 中华人共和国教育部．《卓越工程师教育培养计划通用标准》. 教高函〔2013〕15 号[EB/OL]. http://www.moe.gov.cn/srcsite/A08/moe_742/s3860/201312/t20131205_160923.html, 2013－12－17/2021－08－30.

[5] 中华人共和国教育部．关于加快建设发展新工科实施卓越工程师教育培养计划 2.0 的意见．教高[2018]3 号[EB/OL]. http://www.moe.gov.cn/srcsite/A08/moe_742/s3860/201810/t20181017_351890.html, 2018－10－17/2021－08－30.

[6] 学校召开"卓越工程师培养计划"启动大会[EB/OL]. http://cx.hfut.edu.cn/2011/1011/c2632a45713/page.htm, 2011－10－11/2021－08－30.

[7] "六卓越一拔尖"计划 2.0 启动大会在天津大学召开[EB/OL]. http://news.tju.edu.cn/info/1003/44721.htm, 2019－04－29/2021－08－30.

[8] 中国科协代表我国顺利加入《华盛顿协议》[EB/OL]. http://www.chinacses.org/zxpj/gcjyrz/xwdt_131/201308/t20130816_633774.shtml, 2013－08－16/2021－08－30.

[9] 中国科协代表我国正式加入国际工程联盟《华盛顿协议》[EB/OL]. http://www.gov.cn/xinwen/2016－06/02/content_5079122.htm, 2016－06－02/2021－08－30.

[10] 关于公布高等学校土木工程专业评估(认证)结论的通告．土木专业评估通告〔2020〕第 1 号[EB/OL].. http://www.mohurd.gov.cn/jsrc/zypg/202007/t20200703_246163.html, 2021－06－28/2021－08－30.

[11] 中国工程教育专业认证协会．工程教育认证通用标准解读及使用指南(2020 版,试行)[EB/OL].

[12] 李越,李曼丽,乔伟峰,等．政策与资源:面向工业化的高等教育协同创新——"卓越工程师教育培养计划"实施五年回顾之二[J]. 清华大学教育研究,2016,37(6):1－9.

[13] 郑锋,缪国钧,陈明学．提升本科学生"企业学习"质量的思考与探索[J]. 中国大

学教学,2016(6):71-75.

[14] 丁昕. 实施"卓越工程师计划"有效机制研究[D]. 哈尔滨理工大学,2016.

[15] 宋莉,鲁雯,王晓艳,等. 面向"卓越工程师"培养的实践教学改革与实践[J]. 教育教学论坛,2015(48):111-112.

[16] 王新征. 土木工程专业卓越工程师企业培养过程的研究[J]. 实验技术与管理,2014,31(10): 189-192.

[17] 傅旭东,徐礼华,杜新喜,等. 土木工程卓越工程师培养方案探索与实践[J]. 高等建筑教育,2014,23(03):17-21.

[18] 王立波,程骞. 工程教育专业认证下土木工程专业生产实习质量保证的研究[J]. 中国现代教育装备,2021(13):85-86+89.

[19] 张学元,张道明,吕春,等. 土木工程专业能力导向型实践教学体系的探索[J]. 西北民族大学学报(自然科学版),2019,40(3):76-81.

[20] 范夕森,高翔,刘春阳,等. 工程教育认证引领的土木工程专业建设研究与实践[J]. 山东教育(高教),2019(5):52-55.

[21] 刘斌,孟宗,陈华,等. 工程认证标准下以课程改革落实校企合作模式[J]. 教学研究,2018,41(4):103-105.

[22] 郭振威,诸葛致,吴军科. 高校卓越工程师工程实践能力的培养研究[J]. 科技与创新,2021(8):151-152+155.

[23] 严涛,赵菊梅. 新工科背景下复合型卓越工程师人才培养探索[J]. 大学教育,2021(4): 133-135.

[24] 蒋菲,杨倩倩."卓越计划"2.0背景下土木工程专业人才培养方案优化路径研究[J]. 高等建筑教育,2021,30(1):26-33.

[25] 胡峰强,陈煜国,张爱萍,等. 合作育人模式下的卓越道桥工程师人才培养强化实践教学探索与实践[J]. 教育教学论坛,2020(46):208-209.

[26] 范小平,苏骏,蔡洁. 土木卓越工程师培养的实践教学探讨[J]. 现代职业教育,2020(32): 104-105.

[27] 陈伏龙,王振华,汤骅,等. 基于"卓越工程师计划2.0"的人才培养模式[J]. 西部素质教育,2020,6(11):1-2.

[28] 谢晓鹏. 基于土木工程卓越工程师的培养方案体系探索[J]. 课程教育研究,2019(46):6-7.

[29] 赵宏旭,郭润夏,丁昕."卓越计划"企业实践实施方案的探索与研究[J]. 教育教学论坛,2019(45):31-32.

[30] 王建平,张荣芸,潘道远,等."卓越工程师计划"企业实习的有效实施及评价研究[J]. 教育教学论坛,2019(23):24-25.

[31] 张建辉,纪华伟,吴欣."卓越工程师教育培养计划"企业学习的实施[J]. 杭州电子科技大学学报(社会科学版),2019,15(2):66-69.

[32] 吴雁,郑刚,刘光明,等. 卓越应用型人才培养的教育教学改革与创新实践——基于"认证-企业实习-预就业"校企协同人才培养模式[J]. 大学教育,2018(6): 141-143.

[33] 邢恩辉，马国清，牟向东，等．卓越工程师计划本科生实践能力培养模式与途径研究[J]. 高教学刊，2017(12)：48－49.

[34] 吕迪．"卓越计划"试点专业大学生工程实践能力的提升研究[D]. 武汉理工大学，2017.

[35] 林健，盛党红，黄家才．卓越班企业实习效果调查与分析[J]. 科技创新导报，2016，13(4)：140－141.

[36] 毕家驹．中国工程专业认证进入稳步发展阶段[J]. 高教发展与评估，2009，25(1)：1－5.

[37] 薛景宏，于洋，杨宇，等．土木工程专业认证浅析[J]. 石油教育，2011(4)：90－92.